普通高等教育“十一五”国家级规划教材

新编仪器分析实验

高向阳　主编

科学出版社

北　京

内 容 简 介

本书是“普通高等教育‘十一五’国家级规划教材”之一，在长期科学研究、教学研究和教学实践的基础上编写而成。

全书共分 6 章，内容涉及样品的采集和预处理技术、实验误差及有限次测定数据的处理、光学分析法、色谱分析法、电化学法、质谱法、X 射线衍射法等仪器分析实验方法以及常用分析仪器的使用和维护、仪器分析实验室工作技巧及课程教学实习等。在精心选编的 39 个实验中，除安排基础实验外还适当安排创新型、综合型和自主设计型实验，供不同的专业根据具体情况选用。同时，注重计算机新技术、流动注射、酶催化动力学、化学发光分析以及微波压力程序加热、超声波技术等现代新技术、新方法的综合应用，利用实验扩展、阅读材料等栏目将实验内容和相关知识进一步延伸，内容丰富、层次清晰、新颖先进、实用灵活。

本书可作为高等院校应用化学、生物工程、生物科学、食品质量与安全、动植物检验检疫等专业开设仪器分析实验课程以及课程实习的教材，也可供研究生、分析测试工作者及相关技术人员阅读和参考。

图书在版编目(CIP)数据

新编仪器分析实验/高向阳主编. —北京：科学出版社
普通高等教育“十一五”国家级规划教材

ISBN 978-7-03-022919-9

Ⅰ. 新…　Ⅱ. 高…　Ⅲ. 仪器分析-实验-高等学校-教材　Ⅳ. O657-33

中国版本图书馆 CIP 数据核字(2008)第 137363 号

责任编辑：赵晓霞　沈晓晶 / 责任校对：陈玉凤
责任印制：赵　博 / 封面设计：陈　敬

科 学 出 版 社 出版
北京东黄城根北街 16 号
邮政编码：100717
http://www.sciencep.com
天津市新科印刷有限公司印刷
科学出版社发行　各地新华书店经销
*
2009 年 1 月第　一　版　　开本：720×1000　1/16
2025 年 7 月第十三次印刷　　印张：11 1/4
字数：220 000

定价：39.00 元

(如有印装质量问题，我社负责调换)

《新编仪器分析实验》

编 委 会

主　编　高向阳

副主编　陈宁生　石国荣

编　委（按姓氏汉语拼音排序）

陈宁生　崔淑敏　范彩玲　高建纲　高向阳　刘灿明　石国荣

宋莲军　谢新华

前　　言

创新是一个民族进步的灵魂，是国家兴旺发达的不竭动力。实现建设创新型国家的宏伟目标，需要培养大批有卓越才能的创新型人才，而创新型人才的培养需要建立创新型的教育制度和课程体系，培养和激活学生潜在的创新意识和思维，大幅度地提高学生的动手能力和技术水平。为此目标本书进行了大胆尝试，"开宗明义"，将"新"与"实用"、"适用"有机结合，具体体现在：

第一，结构新。每个实验均安排有"学习导航与要求"、"实验原理"、"实验必备"、"动手实践"、"温馨提示"、"开动脑筋"等环节，将教材以更加活泼的面貌呈现给读者。第二，栏目新。在注重基本知识和动手能力训练的同时，核心实验部分安排了"实验扩展"、"知识链接"、"阅读材料"等栏目，进一步扩大了知识面，增加了趣味性、可读性和灵活性，并为教学活动留出了足够的空间。第三，适用性强、内容新。在内容的安排上考虑了各个学校、不同专业的实际需要以及各院校所用分析仪器的类型、厂家及型号不同，专设一章实验内容，对"常用分析仪器的使用及维护"进行最基本的训练和指导，以期收到事半功倍的效果。第四，实用性强、实验技术手段新。除安排基础实验外，还适当安排创新型实验、综合型实验、自主设计型实验，供不同的专业根据具体情况选用。同时，注重计算机技术如 Excel 软件作图和数据处理，注重流动注射、酶催化动力学、化学发光分析以及微波压力程序加热、超声波技术等现代新技术、新方法在仪器分析实验中的综合应用。第五，多层面训练、培养方法新。为了让学生在思考中实验，在实验中提高，在提高中培养创新精神和实验技巧，在培养中逐步促进知识、能力、素质的全面发展；为了让学生适时介入有关科学研究，增强其创新意识，我们在长期科研、教学实践的基础上，探索性地将科研中研究较为成熟的新成果大胆融入教材，同时将部分仪器分析实验室工作技巧纳入其中，并在开设实验的基础上，进一步安排了 5 个自主设计型实习课题，供学生课程实习时在老师的指导下进行自主选择，使学生的实验水平和技能得到快速提高和升华。自主设计型实验所需的时间一般较长，教师应根据具体情况确定何时进行，通常在完成仪器分析实验课任务之后，再安排 1～2 周的课程实习来完成此类实验。

综上所述，本书具有课程内容的系统性、科学性、新颖先进性、灵活适用性、可读性和可操作性，具有鲜明的时代特色和专业特色。

仪器分析实验是理工、农林、牧医等院校相关专业学习的重要基础，食品分析、生理生化、环境监测、土壤农化分析等课程都要用到仪器分析的测试技术，作物营养诊断、化肥及农副产品质量的监测、新品种的培育、农药残留分析、食品质量与安全、饲料及饲料添加剂的分析、工业产品的监测、"三废"的处理等均离不开仪器分析的基本操作。所以,仪器分析实验对国民经济的各个领域,对现代工农业建设、科学研究都有十分重要的作用。

开设仪器分析实验课的目的是为了适应 21 世纪对人才的需要,培养学生严肃、严密、严格的科学态度和实验素质,开拓学生视野,提高学生的动手能力,训练学生进行科学实验的方法和技能,使学生在实验活动中逐步学会创新思维,提高学生独立工作和提出问题、分析问题、解决问题的能力,并为后续课程和将来从事专业工作奠定坚实的基础。

仪器分析是检验样品中微量、痕量组分不可缺少的工具,本书的实验方法和内容紧密结合工程技术、农林科学、生命科学、食品科学生产和科研的实际,采用现行的国家标准和现代仪器分析的新技术、新方法、新手段,以开拓视野和思维,增加仪器分析实验课的活力。这是一种新的尝试,在实践过程中还需不断充实、更新,做到"教材常用常新、教师常教常新、学生常学常新、实验常做常新"。

参加本书编写工作的有河南农业大学高向阳教授(主编)、范彩玲副教授、宋莲军副教授、崔淑敏讲师、谢新华博士,安徽工程科技学院陈宁生教授(副主编)、高建纲副教授,湖南农业大学石国荣教授(副主编)、刘灿明教授。全书由高向阳教授整理和定稿。

由于水平和时间所限,书中缺点和错误在所难免,恳请读者批评指正。

高向阳

2008 年 9 月于郑州

目　录

第1章 绪 论

1.1 仪器分析实验的任务、作用和要求

仪器分析是高等院校生物工程、食品工程、环境工程、食品安全、食品营养、应用化学等专业的重要基础课。要学好仪器分析，必须认真做好仪器分析实验。通过实验，学生可以及时掌握并加深理解有关仪器分析方法的基本原理、基础知识和基本操作技能，同时学会实验数据的处理方法，正确地表达实验结果。开设仪器分析实验课的主要任务是开拓学生视野，培养学生严肃、认真、一丝不苟、团结协作的科学态度和良好的工作作风，为后续课程和将来从事科研、生产、新产品研发和专业管理等工作奠定坚实的基础。仪器分析实验课程的作用不仅仅是验证学生所学的基本原理和知识，更重要的是通过该环节的教学实践活动，训练学生进行科学实验的基本方法和技能，使学生逐步学会对实验现象进行认真观察、详细记录、科学分析、联想思维和归纳总结，提高学生发现问题、分析问题、解决问题的能力和亲自动手、独立工作的能力，并在实践中激发创新能力。

由于各高校仪器分析实验室不可能同时购置多套同类型的分析仪器，尤其是大型精密仪器设备，因此，仪器分析实验一般多采用轮流方式，实验安排与理论讲课内容往往不能同步进行。为了达到较好的实验效果，预习实验就显得十分必要。这就要求学生实验前写出预习报告，对实验内容有较为清晰的了解，并在做好各项准备工作之后，再进入实验室进行实验。

实验过程中应专心，注意手脑并用，认真观察实验现象，正确记录数据，善于发现和解决实验中出现的问题，养成良好的实验习惯，并对分析数据进行科学处理，对实验结果进行恰当的分析。

实验完成之后，整理桌面和仪器设备，填写实验室有关记录，及时撰写实验报告。实验报告主要包括以下内容：实验名称、日期，实验目的、原理，实验必备仪器与用品，实验步骤，实验数据及处理，实验结果计算与讨论，实验结果误差分析及评价，对实验的改进意见等。

1.2 样品的采集、制备及保存

从待测样品中抽取一部分来代表被测整体的方法称为采样，研究对象的全体或研究对象的某个数量指标所有可能取值的集合称为总体（或母体），总体通常是

一批原料或一批产品。从总体中经过一定的方法再随机抽取的一组有限个体的集合或测定值称为样本(或子样),样本中所包括的测定值的数量或个数称为样本容量(或样本大小)。样本测定的平均值仅仅是对总体测定平均值的评估,而总体测定平均值也并非就是待测样品的真实值,不过,只要采样技术和方法恰当,样本测定的平均值可能是较准确的结果,与待测样品的真实值并无显著性的差异。

仪器分析工作中,常通过样本(少量试样)所测定的数据来判断待测样品的总结果,如判断产品质量是否合格或判断自然资源是否可以开发利用等。这就要求被分析的试样必须"均匀、具有代表性,试样样本的化学组成及含量与总体物料的平均值密切一致",否则,工作人员的技术水平再高、工作再认真、所分析的结果再准确也毫无意义。因此,试样在采集过程中必须保证其均匀性,注意存在状态以及在采集、处理和储藏过程中可能发生的变化,并采取妥善的保护措施。

1.2.1 样品的采集

由整批货料中采得的少量样品称为检样,多份检样综合在一起称为原始样品。原始样品只能由品质一致、质量相同的检样组成。检样的多少、原始样品的量是根据待测物品的特点、数量和检验要求来确定的。一般来说,取样数量越大,样品的代表性越好,样品越可靠。为确保分析样品的代表性和提高分析结果的可靠性,无论是固体、液体或半流体,还是原料、半成品或产品,通常对同一批样品均采用随机"多点采样"方法,但并非采样点越多越好,因为取样数越多,花费的时间、投入的经费越多,同时还受到采样方法、样品处理方式等条件的限制。分析化学家协会(Association of Official Analytical Chemists, AOAC)在AOAC法定分析方法925.08中规定了袋装面粉的采样方法,通过批量中总袋数的开平方来决定抽样的最低袋数,采样袋数低于此值,样品的代表性将大大降低,具体可参阅相关标准。对组成比较均匀的固体试样如粮食或面粉,取样点 S 可用被测样品总数目 N(如袋、件、箱、桶等)的二分之一再开平方,按下述半经验公式进行计算:

$$S=\sqrt{\frac{N}{2}}$$

例如,一批面粉共计200袋,采样时取多少袋合适呢?根据上述半经验公式可知,200袋的二分之一为100袋,再开平方就是10袋。也就是说,均匀地从这批面粉的上、中、下及边角布点,从10袋中抽取样品,若低于此值,样品的代表性将大大降低甚至失去代表性。

我国国家标准GB/T 5009.1—2003《食品卫生检验方法理化部分总则》对样品的采集、保存和检验的规定如下:

(1) 采样必须注意样品的生产日期、批号、代表性和均匀性(掺伪食品和食物中毒样品除外)。采集的数量应能反映该食品的卫生质量和满足检验项目对样品量的需要，一式三份，供检验、复检、备查或仲裁，一般散装样品每份不少于 0.5kg。

(2) 采样容器根据检验项目，选用硬质玻璃瓶或聚乙烯制品。

(3) 液体、半流体食品如植物油、鲜乳、酒或其他饮料，如用大桶或大罐盛装者，应先充分混匀后再采样，样品应分别盛放在 3 个干净的容器中。

(4) 粮食及固体食品应自每批食品上、中、下 3 层中的不同部位分别采集部分样品，混合后按四分法对角取样，再进行几次混合，最后获得代表性样品。

(5) 肉类、水产等食品应按分析项目要求分别采取不同部位的样品或混合后采样。

(6) 罐头、瓶装食品或其他小包装食品，应根据批号随机取样，同一批号取样件数 250g 以上的包装不得少于 6 个，250g 以下的包装不得少于 10 个。

(7) 掺伪食品和食物中毒的样品采集要具有典型性。

(8) 检验后的样品保存：一般样品在检验结束后，应保留一个月，以备需要时复检。易变质食品不易保留，保存时应加封并尽量保持原状。检验取样一般均指取可食部分，以所检验的样品计算。

(9) 感官不合格产品不必进行理化检验，直接判为不合格产品。

(10) 严格按照标准中规定的分析步骤进行检验，对实验中不安全因素（中毒、爆炸、腐蚀、烧伤等）应有防护措施。

(11) 理化检验实验室应实行分析质量控制。

(12) 检验人员应填写检验记录。如果分析结果在方法的检出限以下，可以用“未检出”表述分析结果，但应注明检出限数值。

1.2.2　平均样品的制备和保存

按照有关标准和方法，用多点采样法获得的原始样品的量一般较多，有时是不均匀的，需要进一步粉碎、过筛、缩分、制备，均匀地分出一部分，称为平均样品。平均样品再分为 3 份，第一份用于分析全部检测指标，第二份用于分析结果有争议时进行复检，第三份存档，供以后需要时进行备查或仲裁。

粮食、面粉等固体平均样品由原始样品制备时通常采用“四分法”缩分，即将原始样品置于大而干净的平面上，用洁净器具充分混匀并堆成圆锥形，将锥顶压平后用画十字的方法将其等分为 4 份，弃去对角两份，将剩余的两份再次按照上述方法进行混匀、缩分，每缩分一次，原始样品量减少一半，直至剩余量满足实验所需为止。

蔬菜、水果、作物等样品有其特殊性，这是由于植物体中各器官的微量元素和营养成分含量有很大差异，不仅在不同的生长期差异很大，而且活体植物在一日之内也有变化。所以，采样时要根据分析的目的和要求选取不同生长期、不同部位的花、果、叶、茎、块根等组织器官进行采集、缩分和制备，并尽快测定。为防止样品中水分、易挥发组分的损失和其他待测物质含量发生变化，无论何种样品都应立即分析。如果不能立即测定，那么必须按照相关标准规定的方法加以妥善保存或进行预处理。新鲜样品如果需要短期保存，要置于控温冰箱中，以抑制其生理变化。

样品的制备和预处理没有本质上的区别，是指样品分析测定前的整理、清洗、粉碎、过筛、混匀、缩分、消解、分离提取、净化、浓缩富集等步骤，使被测组分转变成可测定形式的过程。但要特别注意，样品在采集、粉碎、过筛、缩分、处理、制备和保存等过程中要尽可能使样品原有的化学组成和性质不发生变化，防止并避免待测组分被污染及引入干扰物质，这一点很重要。

1.3 样品的预处理技术

制备好的平均样品，常根据分析的目的，需要制成便于测定的均匀溶液或采取必要的措施使待测组分与共存的干扰物质进行分离分析。因此，各种标准测定方法中都要对样品进行分析前的预处理，常用的方法和技术如下。

1.3.1 有机物破坏法

测定原料或产品中的粗蛋白、金属元素和硫、磷、砷等项目时常用有机物破坏法，这种方法是在高温或强氧化的条件下破坏样品中的有机物，使有机物被分解为二氧化碳等而挥发，被测元素或物质以无机物的形式存在。有机物破坏法可分为干法灰化法、常压湿法消化法、压力密闭消解法、微波压力消解法和紫外光分解法等，各种方法有其不同的操作条件和要求。应根据试剂用量少，方法简便；短时间内快速、彻底破坏有机物；被测物质在消解过程中不损失，消解液容易进行后处理等基本原则进行选择。

1. 干法灰化法

样品准确称取后，置于在一定温度下恒量的坩埚中，先小心炭化，再放入一定温度的高温炉（通常控制 500～600℃）中灼烧，使有机物彻底分解，留下近白色的无机灰分，恒量后即可用适当的溶剂溶解、定容、测定。为加速灰化程度，常向灼烧不完全的灰分上小心滴加数滴硝酸、过氧化氢等氧化性助剂。

干法灰化法利用电加热高温破坏有机物较为彻底，所用试剂较少，操作简便，但耗费时间较长，工作效率低。需要注意的是，对砷、汞、铅以及碱金属的氯化物，灼烧温度较高时容易挥发损失。

2. 常压湿法消化法

常压条件下，用强氧化性试剂将样品中的有机物分解，使其中的碳、氧、氢等元素生成易挥发的二氧化碳和水，金属元素和无机盐类留在溶液中。常用的消化试剂有浓硫酸、浓硝酸、高氯酸和过氧化氢等，可根据样品及被测物质的性质、分析目的和试剂特性进行选择。一般来说，同样条件下使用混合消化试剂的效果要比用单一消化试剂好得多。常用的混合消化试剂有硫酸＋硝酸、硫酸＋硝酸＋高氯酸、硝酸＋过氧化氢、硫酸＋过氧化氢、硫酸＋硝酸＋过氧化氢、硝酸＋高氯酸、硫酸＋高氯酸等。尤其值得注意的是，在加热条件下消化含有机物多的样品时，单独使用高氯酸可能会发生爆炸，而使用含高氯酸的混合消化试剂则安全得多。

常压湿法消化法在较低的温度下于溶液中分解样品，减少了元素的挥发损失。但在消解过程中试剂的利用率较低，需用大量的氧化性酸，成本较高。产生的有毒气体不但对人体有害，还会污染环境和腐蚀实验室的设备，因此，常需要在通风橱中进行操作。

3. 压力密闭消解法

压力密闭消解法最普遍的压力密闭消解装置是一个带盖的聚四氟乙烯溶样罐，外面紧套一个带有螺旋丝扣的不锈钢外套，可耐受较高压力。聚四氟乙烯溶样罐耐强酸、强碱，耐250℃以下的温度和大多数强氧化剂，消解时所取样品和试剂都比常压湿法消化法少得多，因此成本低廉。在密闭容器内压力消解，试剂的利用率高，在较高的温度和压力下，氧化性酸与样品的作用加快，分解更加完全，消解溶液不会污染环境也不会被环境所污染。利用上述混合消解试剂消解生物样品的报道很多，压力密闭消解法已经得到较广泛的应用。

压力密闭消解法的缺点是速度较慢，完成一个生物样品的消解大约需要6～8h。如果密闭容器密闭不严，消解过程中逸出的酸蒸气会腐蚀不锈钢外套并可能造成较大误差。随着科学技术的迅猛发展，利用微波加热技术溶样，使传统的样品消解方法发生了很大变化。

4. 微波压力消解法

微波压力消解法具有快速简便、工作效率高、节省样品和试剂、样品消解完全、回收率高、不污染环境等显著特点。由于金属反射微波能，所以微波压力消解法所用多是全聚四氟乙烯塑料或全玻璃的容器。微波快速加热技术与压力溶样技术相结合，使其优点得到充分发挥。微波压力消解一般采用2450MHz的频率，工作时，根据情况准确称取少量样品(通常为0.1000～0.5000g)于消解容器内，加入少量消解试剂(通常为1.0～2.0mL上述混合酸)，密封后置于微波炉内于一定功率进行消解。这时，样品在介质中进行即时深层“内加热”，使消解反应在高于100℃的密闭容器中快速进行。同时，微波产生的交变磁场导致容器内样品与消解试剂分子高速振荡，使反应界面不断更新，消解时间大为缩短。例如，压力密闭消解法完成一个生物样品的消解需要6～8h，同样条件下用微波压力消解法只需2～3min。微波炉的转盘上一次可放置约20个消解容器，因此，工作效率可以提高2～3个数量级，适用于大批样品的快速消解。

透明价廉的全玻璃容器用薄膜封口，很容易观察其中样品的消解情况，比不透明的全聚四氟乙烯容器方便得多，可用价廉的家用微波炉进行加热消解（国家实用新型专利，专利号：ZL200620029827.6）。目前，国内外已有功能较为齐全的实验室专用非脉冲式功率自动变频控制微波消解仪商品，可通过计算机实现温度、压力、功率的无级闭环控制和非脉冲式微波连续加热，并设置有智能化的安全保护装置，通过人机对话设置和控制用户所需要的消解温度、压力、功率和消解时间等参数及其样品程序消解方式，工作既方便又快捷。

利用微波压力消解法消解样品时应注意以下事项：① 微波炉炉门要及时关闭，谨防微波泄漏，对操作者造成伤害。② 在满足需要的情况下样品尽可能少并尽量少加消解溶剂，以加快消解速率并确保安全。③ 尽可能用高沸点的硫酸或硫酸-硝酸混酸消解，慎用高氯酸。④ 微波炉内的能量分布是不均匀的，转盘中心的样品升温较快，为克服这种温度差异的“热点”效应，转盘中心处不要放样品。⑤ 当消解样品个数较少时，大部分微波能将反射回波导管和磁控管，影响微波炉的使用寿命。此时，转盘中心应放置一小杯水（约100mL），以保护转盘和微波炉。⑥ 程序消解不要升温、升压太快，应先低功率、后高功率有序进行。

5. 紫外光分解法

紫外光分解法也是一种破坏样品中有机物的预处理技术，在光解过程中常向样品中加入过氧化氢，以加速样品分解。所用的紫外光源由高压汞灯提供，温度控制在80～90℃，对面粉和充分磨细、过筛、混匀的植物样品，通常称取试样量不超过0.3g，置于石英管中，加入1.0～2.0mL过氧化氢后，用紫外光光解1～2h就能将样品中的有机物完全分解。这种分解法可以测定生物样品中的铜、锌、钴、镉、磷酸根、硫酸根等。

1.3.2 蒸馏法

如果样品中的被测物质和干扰组分具有显著的挥发性差异，可利用这种差异将它们分离。这种方法既可以除去干扰物质，也可用来测定待测组分。例如，粮食等样品中粗蛋白的测定，将消解液调节为强碱性后用蒸馏法将生成的氨蒸馏出，与其他组分分离，同时用吸收液定量吸收后进行测定。蒸馏法常见的有减压蒸馏、常压蒸馏、水蒸气蒸馏等方式。目前,已经有用计算机控制的自动蒸馏系统问世,可根据测定需要设置加热温度和速率,从而使蒸馏法的效率和技术得到极大提高。

1.3.3 浓缩富集法

当试液中被测组分的量极少或浓度很低且低于检测限时,不能产生显著的测定信号。这时,为满足测定方法灵敏度的需要,保证分析工作顺利进行,测定前需要对试液进行浓缩富集。浓缩富集有常压浓缩和减压浓缩等方法,常压浓缩法主要用于非挥发性组分的浓缩,通常用蒸馏装置直接加热挥发,溶剂可回收重复使用,以降低测定成本。该法快速、简便,是较常见的浓缩方法。减压浓缩法用于热稳定性较差或易挥发组分的浓缩,通常采用专用浓缩器,在水浴锅上加热并抽气减压。浓缩温度低、速率快和被测组分不易损失是减压浓缩法的突出优点。

1.3.4 溶剂萃取及超临界流体萃取技术

利用被测组分与干扰物质在互不相溶的两溶剂相之间溶解度的差异,使被测组分与其他干扰物质分离并进行测定的方法称为溶剂萃取分析法。此法可提高待测组分的浓度,使含量极少或浓度很低的痕量组分富集于小体积中进行测定。例如,欲测定食品生产用水中的痕量农药,可取大量水样,用少量苯萃取,弃去水样后,收集苯层即可用适宜的方法进行测定。

经典的溶剂萃取技术是用分液漏斗振荡的液-液法,该法的优点是设备简单、操作方便、分离效果好。缺点是劳动强度大,速率慢,工作效率低,所用溶剂量较多且大多是易燃、易挥发的有毒有机化合物。近年来,利用超声波技术或微波技术等进行萃取的新方法克服了经典溶剂萃取法的不足,极大地提高了工作效率和灵敏度,适用于大批样品中痕量组分的预处理。目前,国内外均有用计算机控制的多功能超声波和微波萃取专用商品仪器问世,满足了仪器分析实验室对样品进行预处理的需要。

超临界流体萃取(supercritical fluid extraction, SFE)是一种全新的萃取技术,它是用超临界流体如 CO_2 作为萃取剂,从各组分共存的复杂样品中将待测组分提取出来的一种分离技术,已在食品功能性成分分析、食品添加剂分析和农药残留检测等方面得到广泛应用。

1.3.5 色谱分离法

常遇到样品中共存理化性质十分接近的同分异构体或同系有机化合物,如各种氨基酸、维生素等,用其他方法测定时可能会相互干扰,很难用普通的方法排除。此时,可用色谱法分离,预处理后再进行测定。

利用固体固定相表面对样品中各组分吸附能力强弱的差异而进行分离分析的

色谱法称为吸附色谱(absorption chromatography);根据各组分在固定相和流动相间分配系数的不同进行分离分析的色谱法称为分配色谱(partition chromatography);利用离子交换剂(固定相)对各组分的亲和力的不同而进行分离的色谱法称为离子交换色谱(ion exchange chromatography, IEC);利用某些凝胶(固定相)对分子大小、形状所产生阻滞作用的不同而进行分离的色谱分析法称为凝胶色谱(gel chromatography)或尺寸排阻色谱(exclusion chromatography),这种色谱法的固定相为具有"分子筛"作用的惰性多孔性凝胶,当样品组分由流动相携带进入凝胶色谱柱时,小分子能渗透到所有的孔穴中,中等体积的分子可选择性渗透到部分孔穴中,而体积大的分子则完全不能渗透到孔穴中而被排阻,所以,大分子最先出柱,小分子最后洗脱,被测组分基本上按分子大小,排阻先后流出色谱柱。相对分子质量相同时,线形分子比圆形分子先流出。固定相为亲脂性凝胶,流动相为有机溶剂的色谱称为凝胶渗透色谱(GPC);固定相为亲水性凝胶,流动相为水溶液的色谱称为凝胶过滤色谱(GFC)。

1.3.6 其他预处理技术

样品预处理方法还有沉淀分离法、配位掩蔽法、皂化法、磺化法、盐析法等化学分离技术。沉淀分离法是利用沉淀反应将被测组分和干扰物质在一定条件下进行分离的方法。配位掩蔽法是利用配位反应,向试液中加入适当的配位剂消除干扰物质对待测组分的干扰,这种方法不需分离,可直接在试液中进行,操作简单、方便易行。皂化法是用热强碱溶液处理维生素 A、维生素 D 样品提取液,以除去脂肪等物质的干扰。磺化法是用浓硫酸处理对强酸稳定的被测组分的提取液,以除去脂肪、色素等物质的干扰,该法用于农药分析时简单快速、效果较好。盐析法是向溶液中加入适当的盐类,使待测组分的溶解度降低从而析出的方法。例如,向蛋白质溶液中加入氢氧化铜可将蛋白质析出,过滤后在一定的条件下消解,即可以测定纯蛋白质的含量。

1.4 分析方法的选择

1.4.1 正确选择分析方法

分析方法的选择主要取决于测定的目的、要求和具体分析方法的特点。一个理想的分析方法应该能直接从样品中检出或测定待测组分,即所选择的分析方法应具有高度的专一性,但截至目前,这种理想的分析方法并不多,几乎每一种分析方法都或多或少地存在不足。每种分析方法都有一定的检测限和灵敏度,如果待测组分的含量极少,低于该组分的检测限时,不可能产生显著的检测信号。所以,正确选择分析方法对获得准确可靠的分析结果,指导生产,控制和保证产品质量都具有十分重要的意义。

1.4.2 选择分析方法时应考虑的因素

选择分析方法时应考虑分析方法的有效性、适用性和权威性，同时还要考虑分析方法的精密度、准确度、灵敏度、分析速度、实验室设备情况、工作人员的素质水平、投入的成本费用、操作要求和对环境的影响等因素，尽量选择最新的国家标准或国际公认标准。如果进行生产过程指导或企业内部的质量评估，在满足准确度要求的前提下，可选择分析速度快、操作简便、成本低廉的快速测定方法。如果是对成品质量进行检验或对标志认证产品进行质量监督，那么必须采用强制性法定分析方法，利用统一的技术标准，便于比较与鉴别产品质量，为各种产品贸易往来、流通提供统一的技术依据，提高分析结果的权威性。进行国际贸易时，采用国际公认的标准则更具有效性。

待测组分的相对含量和性质也是应当考虑的因素，如果待测组分含量大于1%，可选用标准的化学分析方法；如果含量小于1%，用比较灵敏的仪器分析方法可获得较准确的分析结果。了解待测组分的性质有利于分析方法的选择，如金属元素能发射或吸收特征光谱线，所以，含量低时可用原子发射光谱或原子吸收光谱法测定，也可在一定条件下用吸光光度法或极谱法分析。为保证测定方法具有较高的准确度，必须考虑共存组分的干扰，应采用方便可行的方法排除干扰或必要时加以分离，并尽量选择具有较高选择性和灵敏度的分析方法。

第2章 仪器分析实验误差及有限次测定数据的处理

2.1 仪器分析的误差

2.1.1 误差的种类和来源

仪器分析的结果是经过一系列操作步骤得来的，每一步骤都有可能引入误差。根据其性质和来源，误差分为以下三大类。

1. *系统误差*

系统误差（systematic error）也称为可测误差，是由分析过程中某些确定的、经常的原因造成的，其特点是对分析结果的影响比较固定、误差的正负具有单向性、大小具有规律性。在同一条件下重复测定时会重复出现，数值一般较大，是误差的主要来源。但其大小、正负可以测定，可以设法减免或校正。系统误差产生的原因归纳如下：

（1）仪器和试剂误差。仪器误差是由于使用的仪器本身不够准确所造成的。例如，仪器表头刻度不准，使用未经校正的滴定管、移液管、容量瓶等。试剂误差主要是由于试剂或蒸馏水中含有干扰杂质或待测组分造成的。

（2）操作误差。操作误差指分析工作者掌握操作条件与正确的操作规程稍有出入而造成的误差。例如，所取试样代表性不理想、试样消解不彻底、分光光度法测定时待测试液中含有胶体颗粒等。对初学分析工作的人，往往还有一种“先入为主”的成见，当进行重复测定时，总想使第二份数据与前一份结果相吻合。所以，读取和记录测定数据时就不自觉地受这种“先入为主”的成见所支配，总以前一份的结果为准绳，将第二份的结果凑上去或人为地靠近一些，从而引入操作者主观误差。

（3）方法误差。方法误差是由分析方法本身所引入的误差，它取决于分析体系的化学或物化性质。无论操作者的分析技术如何高超和细心，这类误差总是存在，但可以减免。

方法误差从性质上说不同于操作误差，前者是分析方法本身的固有特性，而后者则属于操作者处理分析程序不妥当所致。例如，滤液中总存在被测的沉淀组分，使沉淀损失属于方法误差；但如果洗涤沉淀时使用过多的洗涤液，由此造成沉淀的溶失则属于操作误差。方法误差不因人而异，操作误差是人为的，其数值的大小因人而异。但对同一个操作者来说，操作误差基本恒定不变。

2. 偶然误差

偶然误差又称不可测误差或随机误差(random error)。在多次重复测定中，即使消除了引起系统误差的所有因素，所得数据仍然参差不齐，这是由某些难以控制的偶然因素造成的。例如，测定时环境温度、湿度以及气压的微小波动，电压和仪器性能的微小变化等。这些因素难以预料和估计，是随机的。各种因素可以相互抵消，也可以相互加和，很难确定究竟哪一个起主要作用。

偶然误差的特点是其方向和数值不固定，时正、时负，时大、时小，似乎没有什么规律。但当进行多次重复测定后就会发现，其中小误差出现的机会多，大误差出现的机会少，特别大的正、负误差出现的机会很少。大小相等的正误差和负误差出现的机会相等，符合正态分布曲线(图 2-1)。

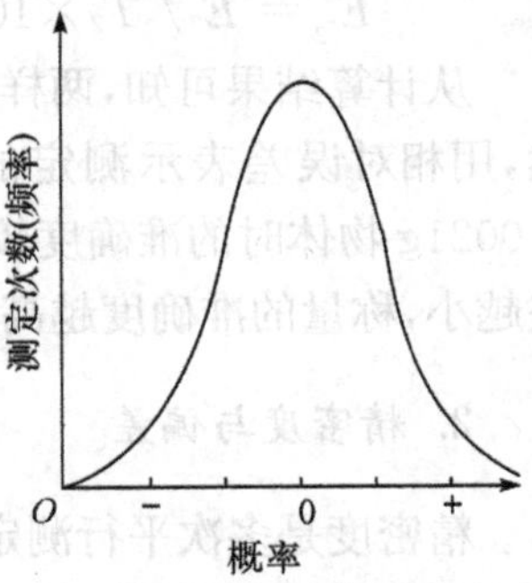

图 2-1　误差正态分布曲线

偶然误差虽然是一些随机因素的微小波动引起的，数值一般较小，但它决定测定值的离散程度即精密度，可以用多次重复测定取平均值的办法加以减免。这种对同一样品在完全相同条件下所做的重复性测定称为平行测定，平行测定一般做 3～5 次即可。

3. 过失误差

因工作不负责任、操作不正确、不按标准规程操作或粗心大意所造成的错误，则不属于误差范围，而是一种过失，称为“过失误差”(mistake)，如加错试剂、用错仪器、读错读数、溶液溅失、记录和计算错误等。在实际工作中，当出现很大误差时，应该认真寻找原因，如是过失所引起的误差，应立即弃去该次结果，并重新测定。只要严格遵守操作规程，加强责任心，养成科学的工作态度和良好的工作作风，“过失误差”是完全可以避免的。

2.1.2　准确度和精密度

1. 准确度与误差

准确度是指测定值(X)与真实值(T)之间相互符合的程度，它说明测定的可靠性，用误差(error)表示。误差有正负之分，其绝对值越小，准确度越高。误差可用绝对误差和相对误差表示。

绝对误差　$$E = X - T \tag{2-1}$$

相对误差　$$E_r = \frac{E}{T} \times 100\% \tag{2-2}$$

例 2-1　用电子天平称量两样品的质量分别为 0.2002g 和 2.0020g，如果它们的真实质量分别为 0.2003g 和 2.0021g，这两样品称量的准确度哪个较高？

解　$E_1=0.2002-0.2003=-0.0001$

$E_2=2.0020-2.0021=-0.0001$

$E_{r_1}=E_1/T_1\times100\%=-0.0001/0.2003\times100\%=-0.05\%$

$E_{r_2}=E_2/T_2\times100\%=-0.0001/2.0021\times100\%=-0.005\%$

从计算结果可知，两样品称量的绝对误差相等，但相对误差却相差 10 倍。显然，用相对误差表示测定的准确度比用绝对误差表示更确切一些。所以，称量 2.0021g 物体时的准确度较高。称量的绝对误差相等时，称量物质量越大，相对误差越小，称量的准确度越高。

2. 精密度与偏差

精密度是多次平行测定时，个别测定值(X_i)与平行测定的平均值($\overline{X}$)之间相符合的程度，用偏差(deviation)表示，其值越小，平行测定的精密度越高。偏差有如下表示方法：

绝对偏差　$d_i=X_i-\overline{X}$　(2-3)

相对偏差　$d_r=d_i/\overline{X}\times100\%$　(2-4)

为了说明一组分析数据的精密度，常用平均偏差(average deviation)$\overline{d}$来表示，平均偏差没有正负之分。平均偏差占平均值的百分率称为相对平均偏差(relative average deviation)$\overline{d}_r$。

用平均偏差表示精密度比较简单，但由于其反映不出个别大的偏差，在数理统计上不适用。依数理统计方法处理数据时，常用标准偏差(standard deviation)来衡量精密度。标准偏差 S 占平均值的百分率称为相对标准偏差(relative standard deviation ,RSD)，它是衡量精密度的最常用数据，因为相对标准偏差对较大的偏差更为敏感。

3. 准确度和精密度的关系

准确度表示测定结果与真实值的符合程度，反映系统误差的大小，而精密度与真实值无关，它表示各平行测定结果之间的符合程度，只能反映测定时随机误差的大小。精密度高不一定准确度高，只有在消除了系统误差之后，精密度高，准确度才高。举个例子来说，几位民兵打靶，靶心即是目标，相当于被测组分的真实值，每人打三发，结果如图 2-2 所示。

甲的精密度虽然很高，但存在有系统误差，如所用枪的准星不准等，因而准确度不高。乙和丙的精密度都不高，存在有显著的随机误差，已经失去了衡量准确度的前提。丙打在靶心上的一枪也可能是正负误差的抵消或多种因素的偶然巧合，不能说明他打得准。只有丁不存在显著的系统误差和偶然误差，精密度和准确度都很高。

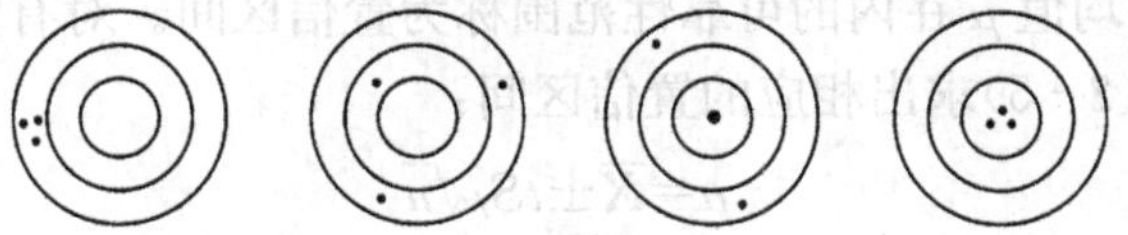

图 2-2　精密度与准确度的关系示意图

分析测试工作和打靶很相似，组分客观上存在的真实含量就好比靶心，测定的结果就像子弹在靶上所穿的孔洞，它以一定的精密度和准确度分布在"靶心"(真实值)的周围。根据以上分析可知，准确度高一定需要精密度高，精密度高是保证准确度高的先决条件。若精密度很差，说明测得的结果不可靠，已失去了衡量准确度的前提。这就是准确度和精密度之间的逻辑关系。在评价分析结果时应将系统误差和偶然误差综合起来考虑。

仪器分析对准确度和精密度的要求取决于分析目的、方法和待测组分的含量，如表 2-1 所示。

表 2-1　分析结果允许的相对误差范围

组分含量/%	80～100	40～80	10～40	1～10	1～0.01	0.01～0.001
相对误差/%	0.4～0.1	0.6～0.4	1.0～0.6	2～1	1～5	5～10

精密度和准确度满足工作的需要即可，不一定越高越好。实际工作中，应根据分析目的、分析方法和使用的仪器等情况综合考虑。

2.2　有限分析数据的处理

2.2.1　置信区间

以上讨论可知，偶然误差符合正态分布规律。正态分布曲线的形状取决于曲线标准偏差 σ 的大小，σ 越小，精密度越高，分布曲线是"瘦高"形状的；反之，是"矮胖"的，如图 2-3 所示。误差正态分布图中，曲线上各点代表某个误差出现的概率密度，曲线与横坐标之间的面积代表各种大小误差出现概率的总和，其值为 100%。由图 2-4 可知，在符合正态分布的情况下，当 $\overline{X}=\mu$ 为原点时，总体标准偏差为 σ。测定结果落在 $\overline{X}\pm\sigma$、$\overline{X}\pm2\sigma$ 和 $\overline{X}\pm3\sigma$ 范围内的概率分别为 68.3%、95.5% 和99.7%，而测定结果误差大于 3σ 的概率只有 0.3%。也就是说，在 1000 次平行测定中，结果落在 $\overline{X}\pm\sigma$、$\overline{X}\pm2\sigma$ 和 $\overline{X}\pm3\sigma$ 范围内的次数分别为 683 次、955 次和 997 次，落在 $\overline{X}\pm3\sigma$ 范围之外的只有 3 次。所以，通常认为大于 3σ 的误差已不属于偶然误差，这样的分析结果应该弃去。误差出现的概率 68.3%、95.5% 和

99.7%称为置信概率或置信度。在一定置信度下，以测定结果即样本平均值$\overline{X}$为中心，包括总体平均值μ在内的可靠性范围称为置信区间。对有限次测定，若以S代替σ，则可按式(2-5)求出相应的置信区间：

$$\mu=\overline{X}\pm tS/\sqrt{n} \tag{2-5}$$

式中，t为校正系数或置信因子，随置信度和自由度f的大小而变化，可由表2-2中查得，仪器分析中通常都选用置信度为95%的t值来计算总体平均值μ的置信区间。

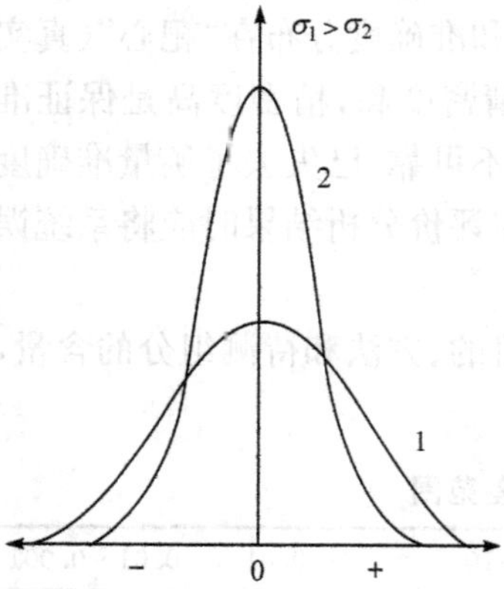

图2-3　两组精密度分布曲线

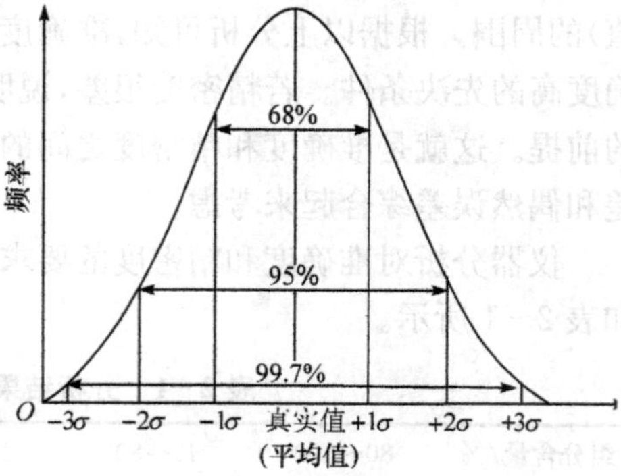

图2-4　误差正态分布的概率

表2-2　t值表

$f=n-1$	置信度			$f=n-1$	置信度		
	90%	95%	99%		90%	95%	99%
1	6.31	12.71	63.66	12	1.78	2.18	3.06
2	2.92	4.30	9.93	13	1.77	2.16	3.01
3	2.35	3.18	5.84	14	1.76	2.15	2.98
4	2.13	2.78	4.60	15	1.75	2.13	2.95
5	2.02	2.57	4.03	16	1.75	2.12	2.92
6	1.94	2.45	3.71	17	1.74	2.11	2.90
7	1.90	2.37	3.50	18	1.73	2.10	2.88
8	1.86	2.31	3.36	19	1.73	2.09	2.86
9	1.83	2.26	3.25	20	1.73	2.09	2.85
10	1.81	2.23	3.17	21	1.72	2.08	2.83
11	1.80	2.20	3.11	∞	1.65	1.96	2.58

显然，如果固定置信度，样本容量越大，S值和t值越小，置信区间就越小。所以，小的置信区间能够反映出高的准确度和精密度。而置信度的高低说明估计的把握程度，自由度f相同时，置信度高、t值大，置信区间就大。这不难理解，100%的置信度意味着区间是无限大，肯定会包括μ，但这样的区间是毫无意义的。对置信区间的正确认识是"在置信区间中包括总体平均值μ的把握有多少(置信度)"，如果理解为"样本未来测定的平均值$\overline{X}$有多少把握(置信度)落入置信区间"，则是错误的。

例2-2　分析样品中的铜含量得如下结果：$\overline{X}=32.38\%$，$n=4$，$S=0.04\%$。求置信度为95%、99%时平均值的置信区间。

解　查t值表：$f=3$，置信度为95%和99%所相应的t值分别是3.18和5.84。因此

95%置信度时：$\mu=32.38\pm0.06(\%)$

99%置信度时：$\mu=32.38\pm0.12(\%)$

这一结果表明我们有95%的把握认为铜的真实含量为32.32%～32.44%，有99%的把握认为铜含量为32.26%～32.50%。报告分析结果时，应给出平行测定次数n、平均值$\overline{X}$、标准偏差S或相对标准偏差RSD(%)以及在一定置信度下总体平均值μ的置信区间。

2.2.2　可疑值的取舍

在一组平行测定的数据中，常有个别数值与其他数据相差较大、是弃去还是保留，会直接影响分析结果的准确性。这种偏离其他数据较远的数值称为可疑值。可疑值的产生是由于分析过程中尚未直接察觉到的过失造成的，这要通过具体的科学方法进行检验，如果确是过失引入的可疑值就应当舍弃。如果该数值虽有一定的偏差，但仍属于偶然误差的正常范畴，就应当予以保留。可疑值的取舍有下列几种方法。

1. *$4\overline{d}$ 法*

$4\overline{d}$法适用于4～8次平行测定时可疑值的取舍。具体方法是，在一组数据中除去可疑值X'后，求出其余数值的平均值$\overline{X}$和平均偏差$\overline{d}$，如果$|X'-\overline{X}|\geqslant4\overline{d}$，应舍弃$X'$，否则，应予以保留。

例2-3　测定食品中含氮量时，6次平行测定的结果如下：

1.49%、1.54%、1.55%、1.50%、1.83%、1.61%

试判断有无舍弃的可疑值。

解　1.83%离群较远，将其列为可疑值。舍去1.83%后求其余5个数据的平均值和平均偏差：

$$\overline{X}=1.54\%$$

$$\bar{d}=0.034\%$$

$$|1.83-1.54|\%=0.29\%>4\bar{d}=0.14$$

所以，1.83%应该舍去。

2. **Q 值检验法**

Q 值检验法适用于 3～10 次平行测定时可疑值的检验。具体步骤为

(1) 将测定数据由小到大排列，并求出极差 R。

$$X_1, X_2, X_3, \cdots, X_{n-1}, X_n$$

$$R = X_n - X_1$$

(2) 计算可疑值与最邻近数值之差 (X_2-X_1) 或 (X_n-X_{n-1})，然后除以极差，所得商称为 Q 值。根据测定次数 n 的不同，计算公式也不同，这样处理较为严密。

当 $n<7$ 时：

$$Q=(X_2-X_1)/(X_n-X_1)=(X_2-X_1)/R \quad (X_1\text{ 为可疑值})$$

或 $$Q=(X_n-X_{n-1})/R \quad (X_n\text{ 为可疑值})$$

当 $8\leqslant n\leqslant 10$ 时：

$$Q=(X_n-X_{n-1})/(X_n-X_2) \quad (X_n\text{ 为可疑值})$$

$$Q=(X_2-X_1)/(X_{n-1}-X_1) \quad (X_1\text{ 为可疑值})$$

(3) 根据所要求的置信度查表 2-3 即 Q 值表，若计算出的 Q 值大于表中的 Q 值，将可疑值舍去，否则，应保留。

表 2-3 Q 值表

测定次数 n	Q 值		测定次数 n	Q 值	
	置信度 90%	置信度 95%		置信度 90%	置信度 95%
3	0.94	1.53	7	0.51	0.69
4	0.76	1.05	8	0.47	0.64
5	0.64	0.86	9	0.44	0.60
6	0.56	0.76	10	0.41	0.58

例 2-4 以例 2-3 为例，用 Q 值检验法判断 1.83%能否舍去？

解 先将测定结果由小到大排列：

1.49%，1.50%，1.54%，1.55%，1.61%，1.83%

$n<7$，应按下式计算 Q 值：

$$Q=(1.83\%-1.61\%)/(1.83\%-1.49\%)=0.65$$

查表 2-3，$n=6$ 时，$Q_{0.90}=0.56$，$Q_{0.95}=0.76$。所以，若按置信度 90%处理，1.83%应舍去。如果按置信度 95%处理，1.83%应保留。

3. 格鲁布斯检验法

如果可疑值有两个及多个时，上述两种检验法都不能很好解决，而格鲁布斯法(Grubbs)在各种情况下都适用，得出令人满意的结果，可按下述 3 种不同情况处理。

(1) 只有一个可疑值时：$X_1 < X_2 < X_3 < \cdots < X_n$

$$G=(\overline{X}-X_1)/S \qquad (X_1\text{ 为可疑值})$$

$$G=(X_n-\overline{X})/S \qquad (X_n\text{ 为可疑值})$$

式中，$\overline{X}$ 为样本平均值；S 为标准偏差；计算$\overline{X}$和 S 时均包括可疑值在内。若计算出的 G 值大于或等于表 2-4 中的 G 值，则舍去该可疑值；否则，应保留。

(2) 若可疑值有两个以上，且在同一侧，如 X_1、X_2 同属可疑值，则首先检验最内侧的数据 X_2。若 X_2 属于可舍去的数据，则 X_1 自然应该舍去。检验 X_2 时，测定次数应做$(n-1)$次计算，即按少了一次处理。若 X_2 不该舍去，再按上述情况(1)检验 X_1 是否为可疑值。

(3) 若可疑值有两个以上但分布在平均值的两侧，则应分别先后进行检验。如果有一个数据决定舍去，再检验另一个数据时，测定次数应按少了一次处理，依次类推。此时，应选择 99% 的置信水平。

格鲁布斯检验法的优点是将正态分布中的两个最重要的样本参数 S 及$\overline{X}$引入，故方法的准确性较高。

表 2-4　G 值表

测定次数 n	$G_{0.95}$	$G_{0.99}$	测定次数 n	$G_{0.95}$	$G_{0.99}$	测定次数 n	$G_{0.95}$	$G_{0.99}$	测定次数 n	$G_{0.95}$	$G_{0.99}$
3	1.15	1.15	7	1.94	2.10	11	2.23	2.48	15	2.41	2.71
4	1.46	1.49	8	2.03	2.22	12	2.29	2.55	20	2.56	2.88
5	1.67	1.75	9	2.11	2.32	13	2.33	2.61			
6	1.82	1.94	10	2.18	2.41	14	2.37	2.66			

例 2-5　例 2-3 中的测定数据用格鲁布斯法判断时，1.83% 应是否保留(置信度 95%)?

解　$\overline{X}=1.59\%, S=0.12\%, n=6$

$$G=(X_n-\overline{X})/S=(1.83\%-1.59\%)/0.12\%=2.00$$

查表 2-4，$n=6$ 时，$G_{0.95}=1.82$，故 1.83% 应舍去。此结论与例 2-4 中相同置信度下的结论不同，这种情况下一般取格鲁布斯法的结论。

2.2.3　弃去可疑值时的注意事项

(1) 先对可疑值的来源仔细检查，从原始记录到操作方法和条件都全面进行考虑及核对，如果能找到引起过失的确切原因，则坚决弃去该数据。

(2) 如果找不到确切的原因，可用上述 3 种方法检验可疑值，但要注意各种方法的适用范围及特点。若有多个可疑值，$4\bar{d}$ 法和 Q 值检验法的结论不一定可靠。

(3) 格鲁布斯检验法不但适用于一组数据中有一个或多个可疑值的弃去，而且对有限次测定均适用，是较可靠的检验方法。

(4) 弃去一个可疑值后，若对下一个可疑值进行检验，必须重新计算弃去可疑值后剩余数据的平均值和标准偏差，弃去的可疑值必须在报告书上加以说明。

(5) 检验第二个可疑值时，置信水平应该适当提高，如由 95%提高到 99%再进行检验。

2.2.4 "三取二"的处理不合理

初学仪器分析或对工作极端不负责任者，往往喜欢从 3 次平行测定数据中挑选两个自以为好的数据进行处理，这是不科学、不严肃，也是不合理的。

在分析工作中，如果只有一次测定数据，不可能说明测定的精密度，更无法衡量其准确度，两次测定也难以说明问题。如果两个数据相差较大，这究竟是测定方法固有的误差，还是由其他意外因素引起？两个数据中哪个是由意外因素引起的？从数据本身不能得到答案。若找不到引起过失的确切原因，不可能舍去任一数据。所以，两次测定也不存在数据的舍弃问题。若不对数据进行可疑值的检验就取平均值报告，是极端错误的。

3 次测定中往往有两个数据较为接近，若不经检验就自以为是地随便舍弃另一个数据，这会比从 3 个数据中求平均值的精密度还要低。

设两个较为接近的数据间的差为 d，另一个数据与这两个数据平均值的差设为 D。若不存在过失，即按误差的正态分布考虑。根据实验和数学理论求解，从 400 组 3 次测定数据中统计和理论计算不同 D/d 值的出现概率，所得结果如表 2-5所示。

表 2-5　400 组三次测定数据中 D/d 出现的概率

D/d	在 400 组中出现的频数	实验测定所得概率	理论概率
>4.0	140	35%	36.3%
>9.0	76	19%	17.4%
>19.0	38	9.5%	8.5%

由表 2-5 可知，其 $D/d>19.0$ 的概率分别为 9.5%和 8.5%，这均大于 5%，

不属于小概率范围。也就是说，在大约 12 组的 3 次测定中，即使出现一组 $D/d > 19.0$，仍然属于偶然误差的范围，不能从 3 次测定中取两个而把另一个随便舍弃。所以，仪器分析中要根据情况严格按照上述 3 种方法对可疑值进行检验，严禁只进行 1～2 次平行测定。由于 $n > 10$ 时对提高精密度的效果不明显，因此从经济成本和劳动强度等方面考虑，作为科学研究的测定，以进行 3～10 次平行测定为宜。

2.3　控制和消除误差的方法

误差具有加和性，操作步骤越多、越繁杂，分析过程中引入的误差累积可能越大。要提高分析结果的准确度，就必须尽可能地减小系统误差和偶然误差。首先，根据试样的具体情况和实际工作的需要选择合适的测定方法，然后用以下方法减小和消除分析过程中的误差。

2.3.1　减小测量误差

(1) 称量误差。一般分析天平用差减法称量试样时需称量两次，可能引入的最大绝对误差为±0.0002g。为使称量的相对误差小于 0.1%，则称量的试样质量最少为 0.2g，才能保证称量误差不大于 0.1%。

(2) 体积误差。滴定管读数常有±0.01mL 的误差，每次滴定需要读数两次，这样可能造成±0.02mL 的误差。为了使滴定时体积的相对误差小于 0.1%，则消耗滴定剂的体积最少为 20mL，通常控制在 20～30mL 或 30mL 左右。

2.3.2　减小偶然误差

在消除系统误差的前提下，平行测定次数越多，测定结果的算术平均值越接近真实值。因此，适当增加平行测定次数可以减小偶然误差，一般做 3～5 次平行测定。在准确度要求较高的情况下，可增加至 10 次左右。

2.3.3　消除系统误差

造成系统误差的原因很多，可通过 t 检验发现，并用下列方法校正，消除系统误差。

1. 对照实验

对照实验是消除系统误差的最有效方法之一，应根据情况选用以下具体方法。

(1) 用标准方法进行对照实验。对某一项目的分析，常用国家颁布的标准方法或公认可靠的经典分析方法进行对照实验，若测得的结果符合要求，则方法是可靠的。

(2) 用标准试样进行对照实验。国家有关部门出售的标准试样的分析结果是比较可靠的,标准样与待测样组成相近时,可在相同的条件下进行对照分析。如果所得结果符合要求,说明不存在显著的系统误差,分析方法和过程是可靠的。若发现有一定误差但误差不大,可以用校正系数校正分析结果。

校正系数=标准样品的真实值/标准样品的测定值

待测样组分含量=校正系数×待测样测定值

(3) 内检、外检。为了检查分析人员之间是否存在系统误差和其他问题,常将部分试样重复安排给不同的分析人员,互相进行对照实验,这种方法称为"内检"。如果将部分试样送交其他单位进行对照分析,则称为"外检"。

(4) 回收实验。对试样的组成不完全清楚,或试样的组成较复杂时,可采用标准加入法做对照实验。此方法是取两份完全等量的同一试样(或试液),向其中一份样品中加入已知量的待测组分,另一份样品不加,然后进行平行测定。设前者的测定结果为 X_1,后者的结果为 X_2,加入待测组分的已知准确量为 $X_{标}$,则按式(2-6)计算回收率:

$$回收率=(X_1-X_2)/X_{标}\times 100\% \tag{2-6}$$

用回收率来衡量待测组分是否能定量回收,回收率越接近 100%,分析方法和过程的准确度越高。以此方法进行小样本的实验,用小样本的平均回收率或回收率范围去处理有关问题,但回收率实验不能发现测定过程恒定的系统误差。

2. 空白实验

由试剂、蒸馏水或器皿引入的杂质所造成的系统误差,可做空白实验来消除。空白实验就是在不加试样或标准溶液的情况下,按照测定试样时完全相同的条件和分析步骤进行平行测定,所得的结果称为"空白值"。从试样分析结果中扣除空白值,可以得到较准确的分析结果。空白值也可以用于计算检验方法的检出限。空白值不应太大。否则,要精制试剂、蒸馏水,并反复处理好所用器皿以减小空白值。

3. 校准仪器

在准确度要求较高的分析工作中,对所使用的精密仪器如分光光度计(波长)、滴定管、移液管或吸量管和容量瓶等,都必须事先认真进行校准,以消除其引起的系统误差。

2.3.4 回归方程及回归直线

用吸光光度法、原子吸收光谱法、荧光光谱法、化学发光法、离子选择性电极分析法、色谱法等进行仪器分析时，常需配制一个待测物质的标准系列进行测定，并由此绘制浓度与响应信号之间的标准曲线。此时，对同一实验的同一组数据，不同的人绘制出的标准曲线可能不同。正常情况下，标准曲线应该是一条直线。由此可见，应该确定一种客观可依的科学方法，使画出的直线与实验数据拟合得最好，能够客观真实地反映实验点的分布状况。常用的方法就是“最小二乘法”，得到最好的直线就是回归直线，回归直线就是所有直线中输出偏差的平方和最小的一条直线。若用一般的直线式表示一元线性回归方程，即

$$y=a+bx \tag{2-7}$$

$$b=\sum(x_i-\bar{x})(y_i-\bar{y})\Big/\sum(x_i-\bar{x})^2$$

$$=\left(n\sum xy-\sum x\sum y\right)\Big/\left[n\sum x^2-\left(\sum x\right)^2\right] \tag{2-8}$$

$$a=\bar{y}-b\bar{x}=\left(\sum x^2\sum y-\sum xy\sum x\right)\Big/\left[n\sum x^2-\left(\sum x\right)^2\right] \tag{2-9}$$

根据回归方程或回归直线，由 x 值可以确定 y 值；反之，由 y 值也可以确定 x 值。显然，无论任何一组实验数据(x_i, y_i)都可以利用这种方法求得回归方程。那么，求得的回归方程有无意义呢？即变量 x 与 y 是否确实存在相关关系呢？如果有相关关系，其相关程度如何？这就需要对回归方程进行检验，常用的方法是对相关系数进行显著性检验。相关系数 r 为变量之间相关程度的量度，用相关系数检验回归方程可以得出明确的结论。相关系数 r 的计算公式见式(2-10)：

$$r=\frac{\sum(x_i-\bar{x})(y_i-\bar{y})}{\sqrt{\sum(x_i-\bar{x})^2\sum(y_i-\bar{y})^2}}$$

$$=\frac{n\sum xy-\sum x\sum y}{\sqrt{\left[n\sum x^2-\left(\sum x\right)^2\right]\left[n\sum y^2-\left(\sum y\right)^2\right]}} \tag{2-10}$$

式中，n 为测定点的次数；x 为各点在横坐标上的自变量值；x_i 为第 i 次的测定值；b 为直线的斜率，也称为 y 对 x 的回归系数；a 为直线在 y 轴上的截距；$\bar{x}$、$\bar{y}$分别为 x 和 y 的平均值。

相关系数 r 表示数据与直线之间的符合程度，根据实验数据由式(2-10)计算出的相关系数 r 越接近 1，变量之间的相关程度越好。表 2-6 列出了相关系数 r 的临界值表(自由度 $f=n-2$)，如果由实验数据的实际计算值大于表 2-6 中的值，说明 y 与 x 之间的相关性较好，回归方程有意义。否则，相关性较差，回归方程意义不大。目前，许多廉价的计算器和计算机都具有快速进行统计和迅速计算回归方程的功能，给工作带来极大的方便。

表 2-6 相关系数 r 的临界值表

$f=n-2$	置信度				
	90%	95%	98%	99%	99.9%
1	0.987 69	0.996 92	0.999 507	0.999 877	0.999 998 8
2	0.900 00	0.950 00	0.980 00	0.990 00	0.999 00
3	0.8054	0.8783	0.934 33	0.958 73	0.991 16
4	0.7293	0.8114	0.8822	0.917 20	0.974 09
5	0.6694	0.7545	0.8329	0.8745	0.950 74
6	0.6215	0.7067	0.7887	0.8343	0.924 93
7	0.5822	0.6664	0.7498	0.7977	0.8982
8	0.5494	0.6319	0.7155	0.7646	0.8721
9	0.5214	0.6021	0.6851	0.7348	0.8471
10	0.4973	0.5760	0.6581	0.7079	0.8233
11	0.4762	0.5529	0.6339	0.6835	0.8010
12	0.4575	0.5324	0.6120	0.6614	0.7800
13	0.4409	0.5139	0.5923	0.6411	0.7603
14	0.4259	0.4973	0.5742	0.6226	0.7420
15	0.4124	0.4821	0.5577	0.6055	0.7246
16	0.4000	0.4683	0.5425	0.5897	0.7084
17	0.3887	0.4555	0.5285	0.5751	0.6932
18	0.3783	0.4438	0.5155	0.5614	0.6787
19	0.3687	0.4329	0.5034	0.5487	0.6652
20	0.3598	0.4227	0.4921	0.5368	0.6524

例 2-6 用原子吸收法测定食品中的微量铁，标准溶液测得的数据如下：

铁的浓度 c/(mol/L)	1.00×10^{-5}	2.00×10^{-5}	3.00×10^{-5}	4.00×10^{-5}	6.00×10^{-5}	8.00×10^{-5}
吸光度 A	0.114	0.212	0.335	0.434	0.670	0.868

试求回归方程，并进行相关系数的显著性检验。

解 容易证明，数据简化后求得的相关系数 r 值不变。所以，先将数据简化，令 $x=10^5c, y=10A$，则

$$b=\left(n\sum x_iy_i-\sum x_i\sum y_i\right)\Big/\left[n\sum x_i^2-\left(\sum x_i\right)^2\right]$$

$$=(6\times142.43-24.00\times26.33)/[6\times130.00-(24.00)^2]$$

$$=1.091\,47\approx1.0915$$

$$a=\bar{y}-b\bar{x}=4.3883-1.09147\times4.00=0.0224$$

所以，回归方程为

$$y=a+bx=0.0224+1.0915\,x$$

即

$$10\,A=0.0224+1.0915\times10^5c$$

$$A=0.00224+1.0915\times10^4c$$

相关系数的显著性检验：

$$r=\frac{\sum(x_i-\bar{x})(y_i-\bar{y})}{\sqrt{\sum(x_i-\bar{x})^2\sum(y_i-\bar{y})^2}}=37.1100/\sqrt{34.00\times40.5397}=0.9996$$

查表 2-6，置信度为 95%、自由度 $f=n-2=6-2=4$ 时，$r_{表}=0.8114<0.9996$。

因此，由相关系数的检验说明，测定信号吸光度 A 与铁浓度 c 之间的相关性很显著，回归方程有实际意义，结论的置信度为 95%。

进行回归时，应按照前述方法检验可疑值，删除由于过失所引入的错误数据。如果两个变量之间存在对数函数、指数函数等非线性关系，那么可以通过适当的变量将非线性关系转化为线性关系，然后再进行回归。例如，如果两个变量之间存在对数函数关系：

$$y=a+b\lg x$$

令 $x'=\lg x$，那么有 $y=a+bx'$，对数函数关系就转化为线性关系。如果两个变量之间存在指数函数关系：

$$y=ae^{bx}$$

两边取对数：

$$\ln y=\ln a+bx$$

令 $y'=\ln y, a'=\ln a$，那么有 $y'=a'+bx$，指数函数关系就转化为线性关系。

2.4　误差的检验

进行过失检验、剔除可疑值后，必须对数据进行系统误差和偶然误差的检验。通过检验，如果分析结果不存在显著的系统误差和偶然误差，才具有一定的可靠性。系统误差检验前，必须先确定两组数据的精密度是否一致，确定它们的偶然误差没有显著性差异后才能进行系统误差的检验。

偶然误差和系统误差的检验通常采用显著性检验法，先提出一个否定假设，即先假定被检验的两者之间不存在显著性差异。例如，将标准试样测定结果的平均值与其标准值比较时，它们来自同一总体，先假定它们之间不存在显著性差异。然后再确定一个适当的置信度(如 95%)进行具体检验，如果被检验的差异出现机会大于 95%，就认为被检验的差异存在显著性。常用的显著

性检验法有 F 检验法和 t 检验法。F 检验法检验的是偶然误差，即判断两组数据的精密度是否存在显著性差异，若存在显著性差异，也就失去了 t 检验的前提。t 检验法检验的是系统误差，它可以判断两组数据的平均值之间是否存在显著性差异。

2.4.1 F 检验法

F 检验法通过计算两组数据的方差（S^2）之比来判断其精密度是否存在显著性差异。

$$F = S_{大}^2 / S_{小}^2 \tag{2-11}$$

计算时，规定大方差 $S_{大}^2$ 为分子，小方差 $S_{小}^2$ 为分母。计算出的 F 值与表 2-7 的 F 值比较，若大于表中的 F 值，说明存在显著性差异。若小于表中的 F 值，说明不存在显著性差异。

表 2-7 置信度 95%时 F 值

$f_{小}$	$f_{大}$									
	2	3	4	5	6	7	8	9	10	∞
2	19.00	19.16	19.25	19.30	19.33	19.36	19.37	19.38	19.39	19.50
3	9.55	9.28	9.12	9.01	8.94	8.88	8.84	8.81	8.78	8.53
4	6.94	6.59	6.39	6.26	6.16	6.09	6.04	6.00	5.96	5.63
5	5.79	5.41	5.19	5.05	4.95	4.88	4.82	4.78	4.74	4.36
6	5.14	4.76	4.53	4.39	4.28	4.21	4.15	4.10	4.06	3.67
7	4.74	4.35	4.12	3.97	3.87	3.79	3.73	3.68	3.63	3.23
8	4.46	4.07	3.84	3.69	3.58	3.50	3.44	3.39	3.34	2.93
9	4.26	3.86	3.63	3.48	3.37	3.29	3.23	3.18	3.13	2.71
10	4.10	3.71	3.48	3.33	3.22	3.14	3.07	3.02	2.97	2.54
∞	3.00	2.60	2.37	2.21	2.10	2.01	1.94	1.88	1.83	1.00

例 2-7 某样品用一分析方法测定 8 次的标准偏差为 0.060，再用另一不同的分析方法分析 6 次，得标准偏差为 0.030，这两种方法的精密度是否存在显著性差异？

解 已知 $n_1=8, S_1=0.060$；$n_2=6, S_2=0.030$；由下式计算 F 值：

$$F = S_1^2 / S_2^2 = 0.060^2 / 0.030^2 = 4.0$$

计算自由度 f：$f_{大}=n_1-1=7$，$f_{小}=n_2-1=5$，查表 2-7 得 $F_{表}=4.88$，计算出的 F 值小于表中的 F 值。所以，这两种方法的精密度不存在显著性差异，结论的置信度为 95%。

至于例 2-7 是否存在系统误差，再根据两组样本的平均值 $\overline{X}$ 进行 t 检验。

2.4.2　t 检验法

1. 平均值与标准值比较

为检查某一分析方法或操作过程是否存在系统误差，可用标准试样做多次平行测定，然后用 t 检验法检验测定结果的平均值 $\overline{X}$ 与标准试样的标准值 μ 之间是否存在显著性差异。

根据一定置信度下平均值的置信区间公式：$\mu=\overline{X}\pm tS/\sqrt{n}$，得

$$t=|\overline{X}-\mu|\sqrt{n}/S \tag{2-12}$$

如果按式(2-12)计算出的 t 值大于表 2-2 中的 t 值，说明 $\overline{X}$ 处于以 μ 为中心的 95%概率之外(通常的置信度取 95%)，$\overline{X}$ 与 μ 有较大显著性差异，存在有系统误差。

例 2-8　某实验室采用新方法测定标准值为 60.14%的 CaO 标准样，9 次平行测定的平均值为 60.10%，标准偏差 $S=0.04\%$，此新方法是否存在系统误差？

解　置信度仍以 95%考虑，已知 $f=9-1=8$，$\overline{X}=60.10\%$，$\mu=60.14\%$，$S=0.04\%$，则

$$t=|\overline{X}-\mu|\sqrt{n}/S=|60.10\%-60.14\%|\times 3/0.04\%=3$$

查表 2-2，置信度为 95%、$f=8$ 时，$t_{表}=2.31$。

因此，有 95%的把握认为 $\overline{X}$ 与 μ 之间存在显著性差异，即此新方法测定值与标准样品标准值之间存在系统误差。

2. 两组数据平均值 $\overline{X}_1$、$\overline{X}_2$ 之间的比较

如果用 t 检验法检验两组数据的平均值之间是否存在系统误差，按式(2-13)计算 t 值：

$$t=\frac{|\overline{X}_1-\overline{X}_2|\sqrt{n_1\times n_2}}{S\sqrt{(n_1+n_2)}} \tag{2-13}$$

若 S_1 与 S_2 无显著性差异，取 $S_{小}$ 为 S。再由表 2-2 查 t 值，此时自由度 $f=n_1+n_2-2$。若按式(2-13)计算出的 t 值大于表 2-2 中的 t 值，说明两组平均值有显著性差异，存在系统误差。

例 2-9　用国家颁布的标准方法测定一样品中的粗蛋白含量，得 $\overline{X}_1=42.34\%$，$S_1=0.10\%$，$n_1=5$，用一种新的分析方法测定该样品中的粗蛋白含量，得 $\overline{X}_2=42.44\%$，$S_2=0.12\%$，$n_2=4$。经 F 检验已知两种方法的精密度无显著性差异，新的分析方法与标准方法之间是否存在有系统误差？

解 根据题意，进行 t 检验：

$$t=|\overline{X}_1-\overline{X}_2|\sqrt{n_1\times n_2}/S\sqrt{(n_1+n_2)}$$
$$=|42.34\%-42.44\%|\times\sqrt{20}/(0.10\times\sqrt{9})=1.49$$

$f=5+4-2=7$，查表 2-2，置信度为 95%时，$t_{表}=2.37$。所以，两种方法的平均值不存在系统误差，结论的置信度为 95%。

3. 用加标回收率进行判断

如果没有合适的标准试样或可靠的分析方法作对照，待测试样的组成较为复杂且不完全清楚时，可做加标回收率实验进行判断。即按所拟分析方法或装置进行 n 次平行加标回收率实验，得平均回收率为 R、标准偏差为 S。由于一个无任何系统误差的理想分析方法的回收率的数学期望值为 100%，因此，如果下列不等式成立，就可以判断该分析方法或装置的结果有显著的系统误差：

$$t_{表}<|R-100\%|S/\sqrt{n}$$

式中，$t_{表}$ 为根据表 2-2 查得的值；$n=f+1$。

例 2-10 为判断离子对色谱法测定食品中的糖精钠含量的结果有无系统误差，用该法进行了 5 次加标回收率实验，得平均回收率为 92.08%，标准偏差为 1.53%，置信度按 99%考虑，该方法所得结果有无系统误差？

解 $R=92.08\%, S=1.53\%, n=5$

由表 2-2 查得置信度为 99%，$n=5$ 时，$t_{表}=4.60$，则

$$|R-100\%|S/\sqrt{n}=|92.08\%-100\%|\times1.53\%/\sqrt{5}=11.6>4.60$$

因此，可以判定离子对色谱法的分析结果有显著的系统误差，结论的置信度为 99%。

必须清楚，用加标回收率判断分析结果有无系统误差时，有时结论不是十分可靠。样品消解不完全或体系内存在有恒定的本底、背景等干扰因素，仍可以得到 100%的加标回收率。因此，加标回收率实验难以判断分析结果中存在的恒定系统误差。此时，可用上述标准分析方法或用标准样品值进行对照实验。但是，用加标回收率实验判断分析结果有系统误差存在时，其结论比较可靠。

2.5 Excel 中的统计分析

Excel 是目前办公软件中比较流行的软件。它的统计分析功能包括算术平均数、加权平均数、方差、标准差、协方差、相关系数、统计图形、随机抽样、参数点估计、区间估计、假设检验、方差分析、移动平均、指数平滑、回归分析等。

2.5.1 “描述统计”对话框

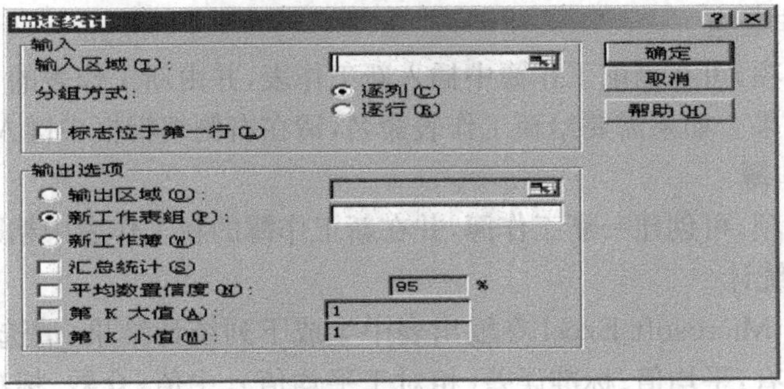

1) 输入区域

在此输入待分析数据区域的单元格引用。该引用必须由两个或两个以上按列或行组织的相邻数据区域组成。

2) 分组方式

如果需要指出输入区域中的数据是按行还是按列排列，请单击“逐行”或“逐列”。

3) 标志位于第一行/列

如果输入区域的第一行中包含标志项，请选中“标志位于第一行”复选框；如果输入区域的第一列中包含标志项，请选中“标志位于第一列”复选框；如果输入区域没有标志项，则该复选框不会被选中，Microsoft Excel 将在输出表中生成适宜的数据标志。

4) 平均数置信度

如果需要在输出表的某一行中包含均值的置信度，请选中此复选框，然后在右侧的编辑框中，输入所要使用的置信度。例如，数值 95% 可用来计算在显著性水平为 5% 时的均值置信度。

5) 第 K 大值

如果需要在输出表的某一行中包含每个区域的数据的第 K 个最大值，请选中此复选框后，在右侧的编辑框中输入 K 的数值。如果输入 1，则这一行将包含数据集中的最大数值。

6) 第 K 小值

如果需要在输出表的某一行中包含每个区域数据的第 K 个最小值，请选中此复选框后，在右侧的编辑框中输入 K 的数值。如果输入 1，则这一行将包含数据集中的最小数值。

7) 输出区域

对输出表左上角单元格的引用。此工具将为每个数据集产生两列信息。左边一列包含统计标志项，右边一列包含统计值。根据所选择的"分组方式"选项的不同，Microsoft Excel 将为输入表中的每一行或每一列生成一个两列的统计表。

8）新工作表组

单击此选项，可在当前工作簿中插入新工作表，并由新工作表的 A1 单元格开始粘贴计算结果。如果需要给新工作表命名，请在右侧编辑框中键入名称。

9）新工作簿

单击此选项，可创建一新工作簿，并在新工作簿的新工作表中粘贴计算结果。

10）汇总统计

如果需要 Microsoft Excel 在输出表中生成下列统计结果，请选中此复选框。这些统计结果有：平均值、标准误差（相对于平均值）、中值、众数、标准偏差、方差、峰值、偏斜度、极差（全距）、最小值、最大值、总和、总个数、Largest（♯）、Smallest（♯）和置信度。

2.5.2　协方差和相关系数在 Excel 中的计算

1. 协方差

协方差分析工具及其公式用于返回各数据点的一对均值偏差之间的乘积的平均值。协方差是测量两组数据相关性的量度：

$$cov(X,Y) = \frac{1}{n}\sum(X_i - \mu_X)(Y_i - \mu_Y)$$

可以使用协方差工具来确定两个区域中数据的变化是否相关，即一个集合的较大数据是否与另一个集合的较大数据相对应（正协方差）；或者一个集合的较小数据是否与另一个集合的较大数据相对应（负协方差）；还是两个集合中的数据互不相关（协方差为零）。

1）"协方差"对话框

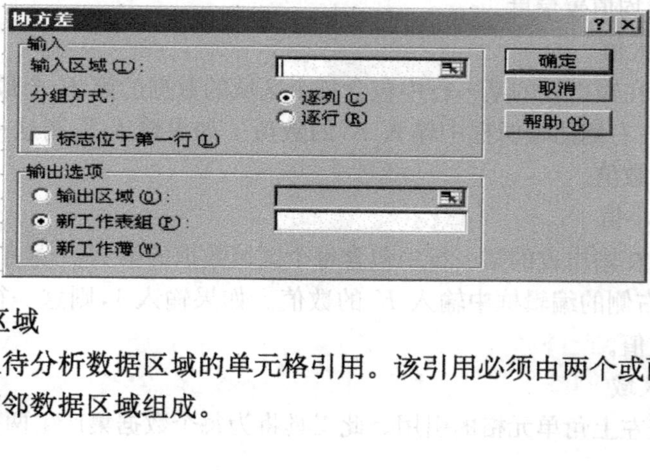

2）输入区域

在此输入待分析数据区域的单元格引用。该引用必须由两个或两个以上按列或行组织的相邻数据区域组成。

3) 操作步骤

(1) 打开数据“协方差. xls”。

(2) 选择“数据分析”对话框中“协方差”，跳出“协方差”对话框。

(3) 在“输入区域”编辑框中键入数据所在的单元格区域引用($B$1:$D$9)。

(4) 单击“逐列”选项。

(5) 选中“标志位于第一行”选项。

(6) 在“输出选项”下单击“新工作表组”选项，并在对应编辑框中输入新工作表的名称，如“协方差分析结果”。

(7) 单击“确定”。

(8) 数据输出在新创建的工作表“协方差分析结果”中的区域。

2. 相关系数

相关系数分析工具及其公式可用于判断两组数据集(可以使用不同的度量单位)之间的关系。总体相关性计算的返回值为两组数据集的协方差除以它们标准偏差的乘积：

$$\rho_{X,Y}=\frac{cov(X,Y)}{\sigma_X \cdot \sigma_Y}$$

其中

$$\sigma_X^2=\frac{1}{n}\sum (X_i-\mu_X)^2$$

和

$$\sigma_Y^2=\frac{1}{n}\sum (Y_i-\mu_Y)^2$$

可以使用相关系数分析工具来确定两个区域中数据的变化是否相关，即一个集合的较大数据是否与另一个集合的较大数据相对应(正相关)；或者一个集合的较小数据是否与另一个集合的较大数据相对应(负相关)；还是两个集合中的数据互不相关(相关性为零)。

1)“相关系数”对话框

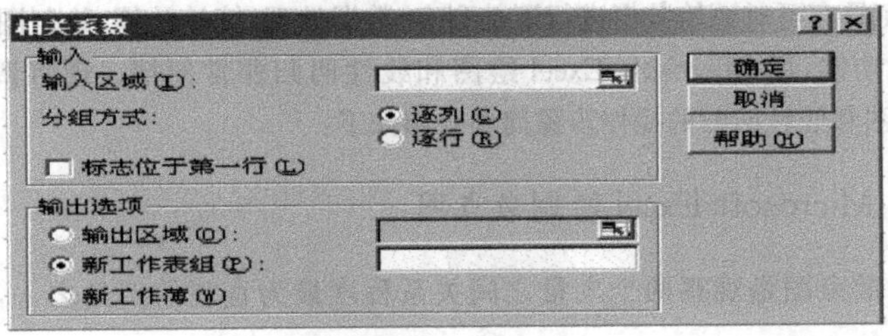

2）输入区域

在此输入待分析数据区域的单元格引用。该引用必须由两个或两个以上按列或行组织的相邻数据区域组成。

3）操作过程

打开数据“相关系数.xls”，在数据分析对话框中选择“相关系数”后，跳出“相关系数”对话框。在“输入区域”编辑框中输入数据所在的单元格区域引用，单击“逐列”选项，选中“标志位于第一行”选项。在“输出选项”下单击“新工作表组”选项，并在对应编辑框中输入新工作表的名称，如“相关分析结果”，单击确定。

数据输出在新创建的工作表“相关分析结果”中的区域，变量相互之间相关系数非常接近1，说明变量之间存在较显著的相关关系。

阅读材料　用 Excel 软件作图和线性回归的方法

Microsoft Excel 是美国微软公司开发的 Windows 环境下的电子表格系统，它是目前应用最为广泛的办公室表格处理软件之一。自 Excel 诞生以来，Excel 历经了 Excel 5.0、Excel 95、Excel 97、Excel 2000、Excel 2003 和 Excel 2007 等不同版本。随着版本的不断提高，Excel 软件强大的数据处理功能和操作的简易性逐渐走入了一个新的境界，整个系统的智能化程度也不断提高，它甚至可以在某些方面判断用户的下一步操作，使用户操作大为简化。它可以根据一套原始数据，在数据库、公式、函数、图表之间进行数据传递、链接和编辑等工作，因而具有可对原始数据进行汇总列表、数据处理、统计计算、绘制图表、回归分析及验证等多项功能，用 Microsoft Excel 绘图和线性回归非常便捷。现将调用 Microsoft Excel 2003 绘图和线性回归的操作步骤简要介绍如下：

1. 利用 Microsoft Excel 绘制散点图

（1）简介。散点图是观察两个变量之间关系程度最为直观的工具之一，利用Excel的图表向导，可以非常方便地创建并且改进一个散点图，也可以在一个图表中同时显示两个以上变量之间的散点图。

(2) 操作步骤。数据如下所示：

	A	B	C
1	x	y	z
2	68	68	312
3	71	69	323
4	72	70	345
5	70	81	366
6	76	85	378
7	77	86	390
8	76	100	411
9	78	108	434
10	79	114	449
11	81	120	469
12	88	133	480

可按如下步骤建立变量 x-y，x-z 的散点图：

① 拖动鼠标选定数值区域 A2：C12，不包括数据上面的标志项。将自变量 x、因变量 z 等拖入指定区域。

② 选择“插入”菜单的“图表”子菜单，进入“图表向导”。

③ 选择“图表类型”为“散点图”，然后单击“下一步”。

④ 确定用于制作图表的数据区。Excel 将自动把你前面所选定的数据区的地址放入图表数据区内。

⑤ 在此例之中，需要建立两个系列的散点图，一个是 x-y 系列的散点图，一个是 x-z 系列的散点图，因此，必须单击“系列”标签，确认系列 1 的“x 值”方框与“数值方框”分别输入了 x、y 数值的范围，在系列 2 的“x 值”方框与“数值方框”分别输入了 x、z 数值的范围。在此例中，这些都是 Excel 已经默认的范围，所以，可忽略第五步，直接单击“下一步”即可。

⑥ 填写图表标题为“x-y 与 x-z 散点图”，x 轴坐标名称为“x”、y 轴坐标名称为“y/z”，单击“下一步”。

⑦ 选择图表输出的位置，然后单击“完成”按钮，即生成下列图表。

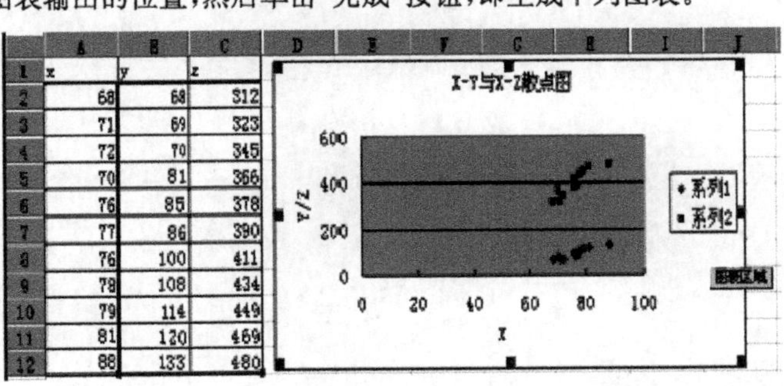

(3) 结果说明。如上图所示，Excel 中可同时生成两个序列的散点图，并分为两种颜色显示。通过散点图可观察出两个变量的关系，为变量之间建立模型做准备。

2. 利用 Microsoft Excel 进行线性回归

(1) 按照上述介绍作所需类型的散点图。

(2) 鼠标移至图中的任一实验点，点击左键，则出现该点的 x、y 轴的坐标值；点击右键，并选择“添加趋势线”，在出现的“类型”页中选择“线性”，在“选项”页中选择“显示公式”和显示“R 平方值”。

(3) 在完成上述全部选择后，点击“确定”，在屏幕上会立即显示出线性回归所得的直线、该直线的数学表达式和相关系数 R 的平方值。

第3章　新编仪器分析核心实验

实验一　吸光光度法测定水中微量铁离子最佳测定条件的选择

一、学习导航与要求

(1) 了解吸光光度分析工作中，显色剂用量、显色时间、溶液酸度等因素对测定的影响；

(2) 掌握最佳分析条件的选择方法。

二、实验原理

邻二氮(杂)菲又称邻菲咯啉，在 pH 为 2～9 的溶液中，邻二氮(杂)菲与 Fe^{2+} 生成稳定的红色配合物：

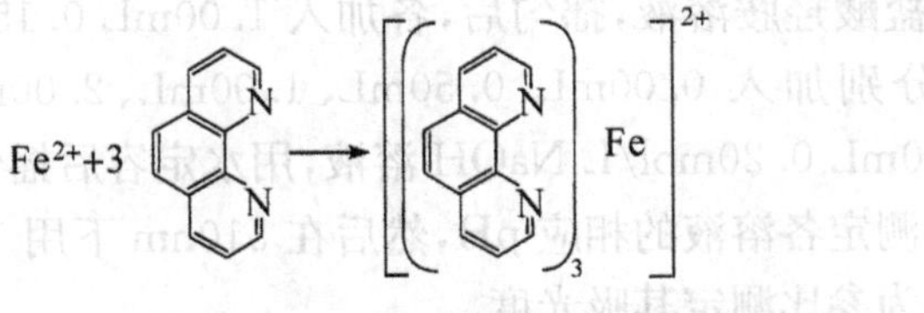

配合物的 $\lg K_f = 21.3$，$\varepsilon_{510} = 1.1 \times 10^6$，其稳定性、灵敏度和选择性都很高。40 倍的 Sn^{2+}、Al^{3+}、Ca^{2+}、Mg^{2+}、Zn^{2+}、SiO_3^{2-}，20 倍的 Cr^{3+}、Mn^{2+}、PO_4^{3-}、Cu^{2+} 等无干扰，可选择最佳测定条件进行测定。

三、实验必备

分光光度计、酸度计、秒表、容量瓶等。

1.00mol/L 铁标准溶液(0.50mol/L HCl)：准确称取 0.4822g $NH_4Fe(SO_4)_2 \cdot 12H_2O$(G. R. 或 A. R.)于烧杯中，加入 80mL HCl(1+1)和少量蒸馏水溶解后，移入 1L 容量瓶中定容，摇匀备用。使用前逐级稀释为所需浓度。

邻二氮(杂)菲 0.15%水溶液，用时配制；盐酸羟胺 10%水溶液，用时配制。

1mol/L NaAc 溶液，6mol/L HCl 溶液，0.20mol/L NaOH 溶液。

四、动手实践

1. 显色剂用量的确定

取 7 个 25mL 容量瓶，各加入 1.00mL 1.00×10^{-3} mol/L 的铁标准溶液和

0.50mL 10%盐酸羟胺溶液，摇匀，分别加入 0.00mL、0.10mL、0.20mL、0.40mL、0.50mL、1.00mL、2.00mL 0.15%的邻二氮(杂)菲溶液，然后加入 2.50mL 1mol/L NaAc 溶液，用水稀释至刻度，摇匀，在分光光度计上用 1.0cm 比色皿于 510nm，以试剂空白为参比溶液，依次测定显色剂各溶液的吸光度。以显色剂的用量(mL)为横坐标，以相应的吸光度为纵坐标用计算机作图。吸光度最大且基本稳定的用量区间为最佳用量范围。

2. 最佳显色时间的确定

在上述测定条件下，用上述第六个溶液，分别测定在加入显色剂 5min、10min、15min、20min、30min、40min、1h 和 2h 后的吸光度。以时间 t 为横坐标，以吸光度为纵坐标用计算机绘制曲线。吸光度较大且基本稳定的区间为最佳显色时间范围。

3. 溶液最佳 pH 的确定

向 8 个 25mL 容量瓶中，分别加入 1.00mL 1.00×10^{-3}mol/L 铁标准溶液和 0.50mL 10%盐酸羟胺溶液，摇匀后，各加入 1.00mL 0.15%邻二氮(杂)菲溶液。从滴定管中分别加入 0.00mL、0.50mL、1.00mL、2.00mL、3.00mL、5.00mL、8.00mL、10.00mL 0.20mol/L NaOH 溶液，用水定容后摇匀。

用酸度计测定各溶液的相应 pH，然后在 510nm 下用 1.0cm 比色皿以各自相应的试剂空白为参比测定其吸光度。

以 pH 为横坐标，吸光度为纵坐标用计算机绘制曲线，吸光度 A 值较大且基本稳定的 pH 区间为最佳 pH 范围。

五、温馨提示

(1) 比色皿使用时注意不要沾污或将比色皿的透光面磨损，连续使用时间不宜过长；拿取比色皿要拿取毛玻璃面，洗涤时不可用去污粉或毛刷刷洗，防止表面光洁度被破坏，影响比色皿的透光率。

(2) 移液前用待取液润洗吸量管 2～3 次，以防溶液的浓度发生改变。

(3) 容量瓶不宜长期储存试剂，配好的溶液如需长期保存应转入试剂瓶中，转移前须用该溶液将洗净的试剂瓶润洗数遍。

六、开动脑筋

(1) 测定中，为什么要向溶液中加入盐酸羟胺？盐酸羟胺为什么用时需新配制？

(2) 最佳 pH 确定时为什么要用各自相应的试剂空白为参比溶液？试剂空白如何配制？

(3) 根据本实验的内容，试讨论参比溶液如何选择。

(4) 本实验中，乙酸钠的作用是什么？若用氢氧化钠代替有什么特点？

(5) 显色时，加入还原剂、缓冲溶液、显色剂的顺序能否颠倒？为什么？

实验扩展　试液中微量铁含量的测定(标准曲线法)

铁标准溶液(100.0μg/mL)：准确称取 0.8634g $NH_4Fe(SO_4)_2 \cdot 12H_2O$，置于烧杯中，加入 20mL HCl(1+1)和少量水，溶解后转移至 1L 容量瓶中并用蒸馏水稀释至刻度，摇匀。

10%盐酸羟胺溶液(不稳定，用时配制)。

0.15%邻二氮(杂)菲溶液：先用少量乙醇溶解，再用水稀释至所需浓度(避光保存，两周内有效)。

乙酸钠溶液 1.0 mol/L，氢氧化钠溶液 1.0mol/L，未知浓度的铁溶液。

1. 最大吸收波长的确定

取两个 25mL 容量瓶，其中一个加入 0.30mL 铁标准溶液，然后向两个容量瓶中各加入 0.50mL 盐酸羟胺溶液，摇匀，放置约 2min。各加入 1.0mL 邻二氮(杂)菲溶液和 2.50mL 乙酸钠溶液，用水稀释至刻度，摇匀。用水作参比溶液，波长从 570nm 到 430nm 每隔 5nm 或 10nm 测定一次吸光度，然后以波长为横坐标，吸光度为纵坐标绘制吸收曲线。再用不含铁的试剂溶液作参比溶液，绘制有色配合物的吸收光谱。比较上述吸收光谱，选取合适的测定波长。

2. 绘制标准曲线

在 6 个 25mL 容量瓶中，分别加入 0.50mL 盐酸羟胺溶液、1.0mL 邻二氮(杂)菲溶液、2.50mL 乙酸钠溶液；然后依次加入铁标准溶液 0.00mL、0.20mL、0.40mL、0.60mL、0.80mL、1.00mL，用水稀释至刻度，摇匀。用 1cm 比色皿，以不含铁的试剂溶液作参比溶液，在选定的最大吸收波长下测定各瓶的吸光度，记录。绘制吸光度值-铁的浓度标准曲线。

3. 试液的测定

向 3 个 25mL 容量瓶中，分别加入 2.50mL 未知浓度的含铁溶液和 0.50mL 盐酸羟胺溶液，1.00mL 邻二氮(杂)菲溶液，2.50mL 乙酸钠溶液，用水稀释至刻度，摇匀。用1cm比色皿以不含铁的试剂溶液作参比溶液，在选定的最大吸收波长下测定各瓶的吸光度，记录。根据测得的吸光度值确定未知铁样品中铁的含量，并给出置信区间。

阅读材料　　**生命元素的功能**

生命过程是生物体发生各种物质转化和能量转化的总结果，在此过程中，化学元素和营养物质通过食物链循环转化，再通过微生物分解返回环境。与动植物生命过程有关的元素称为生命元素，可分为主量元素和微量元素两大类。

人体中的主量元素有O、C、H、N、Ca、P、S、K、Na、Cl和Mg共11种，它们占人体总质量的99.95%，是组成生物个体的物质基础。O、C、H、N等元素是糖、脂肪、蛋白质、核酸四大类生命物质的组成元素；Ca、P是齿骨的主要成分；S是蛋氨酸、胱氨酸、牛磺酸及肝素、硫酸软骨素的成分；Cl存在于胃液中，是唾液淀粉酶的激活剂，氯化物可调节细胞的水平衡。

钠离子是体液中量较多和交换较快的阳离子，其主要功能是调节渗透压，帮助体内代谢物的溶解和运输，参加神经信息的传递。钾离子是核糖体进行蛋白质合成所必需的物质，也是肌肉和血液的组成成分。镁在酶的激活、叶绿素的合成以及骨骼的形成和镇静作用方面起重要作用。缺镁会引起血管硬化、肌肉痉挛和萎缩，导致心、肾、骨发病。钙是神经传导、肌肉收缩、激素释放、心律调节必需的物质，也是骨骼、牙齿和细胞壁的成分。

微量元素有Fe、Cu、Zn、Mn、Co、Mo、Se、Cr、Ni、V、Sn、Br、Si、I、F和As、Ba、Cd、Pb、Hg，它们的含量虽少，但在生物体内起着很重要的作用，它们是多种酶的辅助因子，参与调控生物体的各种生化过程。例如，铜是蛋白质组成成分，能调节体内铁的吸收；铬能调节血糖代谢，与核酸、脂类和胆固醇的合成以及氨基酸的利用有关；锰能激活生物酶，是植物光合作用过程中水解反应的中心。

实验二　天然食用色素的超声波提取及其吸收光谱曲线的绘制（综合型实验）

一、学习导航与要求

（1）了解食品中天然食用色素的超声波提取方法；

（2）掌握分光光度计的基本操作及色素吸收光谱的绘制。

二、实验原理

天然食用色素样品用酸性乙醇在超声波辅助下浸提一定时间后，粗提溶液在离心机上分离 5min，除去细微固体颗粒，取上部溶液在 400～750nm 测定、绘制或自动扫描该色素的特征吸收光谱图。

三、实验必备

南阳灰色小麦，彩色玉米，黑米，火棘果等；无水乙醇，浓 HCl，NaOH 等。

分光光度计，酸度计，ISKF-12 型超声波清洗器，TDL-5-A 型离心机等。

四、动手实践

1. 酸性乙醇浸提液的配制

取无水乙醇(A. R.)200mL 左右于洁净 250mL 烧杯中，用浓 HCl 在酸度计上调 pH 为 2.00 左右，置于试剂瓶中保存，备用。

2. 天然色素的浸提

称取过 60 目筛的粮食样品 1.000 g(粉碎鲜火棘果 4.000 g)左右于 25mL 比色管中，加入酸性乙醇浸提液 10mL 后，置于超声波清洗器中浸提 5min 左右，取上部红紫色溶液在离心机上分离 5min，吸取上部溶液于 1.0cm 的比色皿中。

3. 吸收光谱的测绘

将分光光度计预热 20min，pH 为 2.00 的酸性乙醇溶液作参比液，用 1.0cm 比色皿，在分光光度计上测定天然南阳灰色小麦或火棘果浸提液的吸光度，及时记录。测定波长范围为 400～750nm。测定方法：400～500nm 每隔 5nm 测定一次；500～550nm 每隔 2nm 测定一次；550～650nm 每隔 5nm 测定一次；650～700nm 每隔 2nm 测定一次；700～750nm 每隔 10nm 测定一次。以吸光度 A 为纵坐标，以入射光波长为横坐标用计算机绘制吸收曲线图，并求出 λ_{max}，或用具有工作站的中、高挡分光光度计自动扫描吸收光谱。

五、温馨提示

(1) 天然南阳灰色小麦色素和火棘果的颜色随浸提溶液的酸度的变化而发生变化，在 pH 为 2.00 的酸性乙醇溶液中呈紫红色。

(2) 本实验为作者创新型研究成果，主要内容发表于：① 2007 年 9 月《食品科学》(一级学报) 28(9)：242～244；② 2003 年 6 月《安徽农业科学》(核心期刊) 6：990～991。

六、开动脑筋

(1) 溶液的 pH 是否会影响吸收曲线的形状？为什么？

(2) 每改变一次入射光波长，是否需要重新用参比溶液调透光率为 100%？为什么？

(3) 浓度改变是否会影响吸收曲线的形状？为什么不用蒸馏水作参比溶液？

阅读材料　　**火　棘　果**

天然食用色素具有安全可靠，色泽自然，来源丰富，且兼有营养和药理双重作用的显著特点。因此，探求并开发天然食用色素资源是食品科学领域极有吸引力的研究方向之一，具有重要的经济价值和社会意义。

火棘(*Pyracantha fortuneana*)是蔷薇科、火棘属野生植物，其果实呈红色，味酸甜，为我国重要的野生可食植物资源和盆景的代表树种之一。我国火棘属植物主要分布在四川、贵州、云南、湖南、湖北、陕西等省，数量多，分布集中，便于采集利用。据科学鉴定，火棘果与苹果和猕猴桃相比，其营养成分、含量、营养比例更加合理，是营养丰富的保健型水果资源。火棘果实可加工为功能性食品，可酿酒、制作饮料、糕点，代粮食用。火棘根、叶、花、果均可入药，有活气、清热解毒之功效。其中的纤维可刺激大肠蠕动，减少毒素、废物在体内的积存，尤其适合糖尿病患者食用。火棘果色素色泽自然，味香甜，兼有营养和药理作用，宜弱酸性条件下使用，是饮料、软糖、果冻、蛋糕等食品的天然安全着色剂。

实验三　吸光光度法测定甲基橙指示剂的离解常数 K_{HIn}

一、学习导航与要求

(1) 熟悉分光光度计的基本操作；

(2) 掌握有机酸指示剂电离常数的测定方法。

二、实验原理

甲基橙 HIn 在水溶液中存在下列平衡：

$$\underset{\text{酸式色}}{HIn} \rightleftharpoons H^+ + \underset{\text{碱式色}}{In^-} \qquad K_{HIn}=\frac{[H^+][In^-]}{[HIn]}$$

$$pK_{HIn}=pH+\lg\frac{[HIn]}{[In^-]} \qquad c(HIn)=[HIn]+[In^-]$$

根据吸光度有加和性和一元弱酸分布系数计算式,某确定波长下用 1.0cm 比色皿测定时:

$$A=\varepsilon_{\mathrm{HIn}}[\mathrm{HIn}]+\varepsilon_{\mathrm{In}}[\mathrm{In}^-]$$

$$=\varepsilon_{\mathrm{HIn}}\frac{[\mathrm{H}^+]([\mathrm{HIn}]+[\mathrm{In}^-])}{K_{\mathrm{HIn}}+[\mathrm{H}^+]}+\varepsilon_{\mathrm{In}}\frac{K_{\mathrm{HIn}}([\mathrm{HIn}]+[\mathrm{In}^-])}{K_{\mathrm{HIn}}+[\mathrm{H}^+]} \quad (3-1)$$

在高酸度(如 pH=1)时,溶液中的$[\mathrm{In}^-]$很小,可忽略不计,则

$$A_{\mathrm{HIn}}=\varepsilon_{\mathrm{HIn}}c\,(\mathrm{HIn}) \qquad \varepsilon_{\mathrm{HIn}}=A_{\mathrm{HIn}}/c\,(\mathrm{HIn}) \quad (3-2)$$

在碱式色溶液中,如 pH≥7,$[\mathrm{HIn}]$很小,可忽略不计,则

$$A_{\mathrm{In}^-}=\varepsilon_{\mathrm{In}^-}c\,(\mathrm{HIn}) \qquad \varepsilon_{\mathrm{In}^-}=A_{\mathrm{In}^-}/c\,(\mathrm{HIn}) \quad (3-3)$$

因此,将式(3-2)、式(3-3)代入式(3-1)可得

$$K_{\mathrm{HIn}}=\frac{A_{\mathrm{HIn}}-A}{A-A_{\mathrm{In}^-}}[\mathrm{H}^+]$$

$$\mathrm{p}K_{\mathrm{HIn}}=\mathrm{pH}+\lg\frac{A-A_{\mathrm{In}}}{A_{\mathrm{HIn}}-A} \quad (3-4)$$

当 pH≤2 时,A_{HIn}为定值,当 pH≥5 时,A_{In^-}基本为定值。配制 n 个 pH 不同的同一溶液,各测定其吸光度 A 和 pH,代入式(3-4)计算,检验可疑值后取平均值报告结果。

三、实验必备

分光光度计,酸度计,50mL 容量瓶等;0.1%的甲基橙溶液,1mol/L HCl 溶液,1 mol/L NaOH 溶液。

四、动手实践

于 6 个干净的 50mL 容量瓶中,用吸量管各加入 0.10mL 甲基橙指示剂,分别用 pH 为 1.0、2.0、3.0、4.0、5.0、6.0 的定容液定容至刻度,混匀,备用。

将分光光度计预热至少 20min,用各自的定容液为参比溶液,在同一波长下,用 1.0cm 比色皿分别测定各自的吸光度 A,记录,代入式(3-4)计算结果。

五、开动脑筋

(1) 测定时,为什么要用不同 pH 的同一浓度的甲基橙溶液?

(2) 为什么要用各自 pH 的定容溶液为参比溶液?

(3) 为什么要用同一入射光波长?如何选择和确定入射光波长?

六、结果及报告

自己设计表格。

实验四　紫外吸收光谱测定饮料中的苯甲酸

一、学习导航与要求

(1) 了解紫外吸收光谱仪的基本构造与一般使用方法；

(2) 熟悉样品中苯甲酸含量的测定。

二、实验原理

苯甲酸根在225nm处有最大吸收峰，其吸光度与浓度的关系服从朗伯-比尔定律。

三、实验必备

UV-1600紫外分光光度计，超声波清洗器，石英比色皿4个；0.1mol/L NaOH溶液、苯甲酸钠(A. R.)、市售饮料。

四、动手实践

2μg/mL苯甲酸钠标准溶液的配制：称量经过干燥的苯甲酸钠100mg(105℃干燥2h)于1L容量瓶中，用适量的蒸馏水溶解后定容，取20.00mL用蒸馏水定容至1L。

标准曲线的绘制：分别取2μg/mL苯甲酸钠溶液0.00mL、1.00mL、2.00mL、3.00mL、4.00mL和5.00mL于6个10mL容量瓶中，各加入1.00mL 0.1mol/L NaOH溶液，用水稀释至刻度。以试剂空白为参比，用1cm石英比色皿，在波长225nm处测定吸光度。以吸光度为纵坐标，以相应的浓度为横坐标，用计算机绘制 A-c 标准曲线。

样品测定：准确移取市售饮料0.50mL于10mL容量瓶中，用超声波脱气5min以驱赶二氧化碳，加入1.00mL 0.1mol/L NaOH溶液，用水稀释至刻度。以试剂空白为参比，用1cm石英比色皿，在波长225nm处测定吸光度 A_x。根据 A_x，从 A-c 标准曲线上查出 c_x 值，求出样品中苯甲酸钠的含量。

五、温馨提示

(1) 试样和工作曲线测定的实验条件应完全一致。

(2) 不同牌号的饮料中苯甲酸钠含量不同，移取的样品量可酌量增减。

六、开动脑筋

(1) 紫外分光光度计由哪些部件构成？各有什么作用？

(2) 本实验为什么要用石英比色皿？为什么不能用玻璃比色皿？

实验五　双波长法同时测定样品中的维生素 C 和维生素 E

一、学习导航与要求

(1) 熟悉紫外吸收分光光度计的基本构造，掌握其一般使用方法；

(2) 掌握同时测定双组分体系含量的原理和方法。

二、实验原理

吸光度具有加和性，根据两组分吸收曲线的性质，选择两个合适的测定波长，通过解联立方程可以同时测出样品中双组分的含量。

维生素 C(抗坏血酸)是一种水溶性抗氧化剂，维生素 E(α-生育酚)是脂溶性的抗氧化剂。它们具有协同抗氧化作用，在一定时间内可以防止油脂变酪，常被协同组合用于各种食品中。维生素 C 和维生素 E 都能溶于无水乙醇，因此，能在同一溶液中用双组分原理测定。

三、实验必备

UV-1600 紫外分光光度计，石英比色皿 4 个；维生素 C、维生素 E、无水乙醇。

四、动手实践

维生素 C 和维生素 E 标准储备溶液的配制：准确称取 30 mg 维生素 C 于 1L 容量瓶中，用无水乙醇溶解并定容，摇匀。准确称取 30 mg 维生素 E 于 1L 容量瓶中，用无水乙醇溶解并定容，摇匀。

维生素 C 和维生素 E 标准系列溶液的配制：分别取维生素 C 标准储备溶液 2.00mL、4.00mL、6.00mL、8.00mL、10.00mL 于 5 个 50mL 容量瓶中，用无水乙醇稀释至刻度，摇匀。分别取维生素 E 标准储备溶液 2.00mL、4.00mL、6.00mL、8.00mL、10.00mL 于 5 个 50mL 容量瓶中，用无水乙醇稀释至刻度，摇匀。

绘制吸收光谱：以无水乙醇为参比，在 200～320nm 测绘出维生素 C 和维生素 E 的吸收光谱，并确定 λ_1 和 λ_2。

绘制标准曲线：以无水乙醇为参比，在波长 λ_1 和 λ_2 处分别测定配制的 10 个标准溶液的吸光度。

未知液的测定：取未知液 5.00mL 于 50mL 容量瓶中，用无水乙醇稀释至刻度，摇匀，在 λ_1 和 λ_2 处分别测其吸光度。

分别用计算机绘制维生素 C 和维生素 E 在 λ_1 和 λ_2 时的 4 条标准曲线，求出 4 条直线的斜率，即 $K_{\lambda_1}^{C}$、$K_{\lambda_2}^{C}$、$K_{\lambda_1}^{E}$ 和 $K_{\lambda_2}^{E}$。

列联立方程组，计算未知液中维生素 C 和维生素 E 的浓度。

五、温馨提示

抗坏血酸会缓慢地氧化成脱氢抗坏血酸，每次实验时必须配制新鲜溶液。

六、开动脑筋

(1) 简述双波长法的测定原理。

(2) 如何选择双波长法的测定波长？

知识链接　UV-1600 型紫外-可见分光光度计操作规程

(1) 仪器全中文操作界面，自动 8 联样品池，自动换灯、滤光片，自动波长校正、扫描，自动控制钨灯、氘灯的开关，自动调零、调 100 。

(2) 测量波长范围：190～1100nm，吸光度 A 的范围：－0.342～3。

(3) 操作步骤：接通电源、开启开关，进入自检菜单，稳定 5min；按任意数字键进入自检，全部 OK，自检结束；按任意数字键进入主菜单。根据工作要求分别按数字键进行各项工作。

(4) 波长扫描：能显示样品的全波长图谱，按数字键 1 进入波长扫描界面；按 F1 键进入参数设置菜单，按上下选择键设置参数；放入溶液，其中参比溶液放入第 8 号样池；按 F2 键扫描测量并进行峰谷检测；打印，按 RETURN 键返回主菜单。

(5) 光度测量：能一次测量多个样品和进行多个波长测定。按数字键 2 进入光度测量界面；按 F1 键进入参数设置菜单，按上下选择键进行参数设置；放入溶液，其中参比溶液放入第 8 号样池；按 F2 键进行测量；按 F4 键打印，按 RETURN 键返回主菜单。

(6) 实验结束，关闭仪器开关，拔出电源插座，打扫桌面卫生、清洗比色皿等用具，盖好仪器、填写仪器使用记录，教师签字后方可离开实验室。

实验六　紫外-可见吸收光谱的绘制及有机化合物的鉴定

一、学习导航与要求

(1) 掌握紫外-可见吸收光谱基本原理和基础知识；

(2) 了解紫外-可见分光光度计的结构及使用方法；

(3) 熟悉紫外-可见吸收光谱的绘制方法并利用吸收光谱对化合物进行鉴定；

(4) 了解溶剂的性质对吸收光谱的影响并能根据需要正确选择溶剂。

二、实验原理

有机化合物的紫外-可见吸收光谱(UV-vis absorption spectroscopy)取决于分子结构，吸收特征是分子中价电子在各种能级间跃迁内在规律的体现，据此可了解其结构特征并对其进行定量分析。

紫外-可见吸收光谱定性分析常用比较吸收光谱曲线形状和利用经验规则计算最大吸收波长 λ_{max}，并与实测值进行比较。在有机物和高聚物紫外-可见吸收光谱分析中，将吸收谱带分为 R 吸收带、K 吸收带、B 吸收带和 E 吸收带 4 种类型。

(1) R 吸收带。$—NH_2$、$—NR_2$、—OR的卤代烷烃可产生这类谱带，是 $\pi\rightarrow\pi^*$ 跃迁形成的吸收带，因 ε 很小，吸收谱带较弱，易被强吸收谱带掩盖，易受溶剂极性影响发生偏移。

(2) K 吸收带。共轭烯烃、取代芳香化合物产生的谱带，是 $n\rightarrow\pi^*$ 跃迁形成的吸收带 $\varepsilon_{max}>10^4 L/(mol\cdot cm)$，吸收谱带较强。

(3) B 吸收带。芳香化合物及杂芳香化合物的特征谱带，一些化合物容易反映出精细结构，溶剂的极性、酸碱性等对精细结构的影响较大。如图 3-1 所示，苯在异辛烷中的 B 吸收带精细结构在230～270nm。苯酚在非极性溶剂乙醇中则观察不到精细结构。

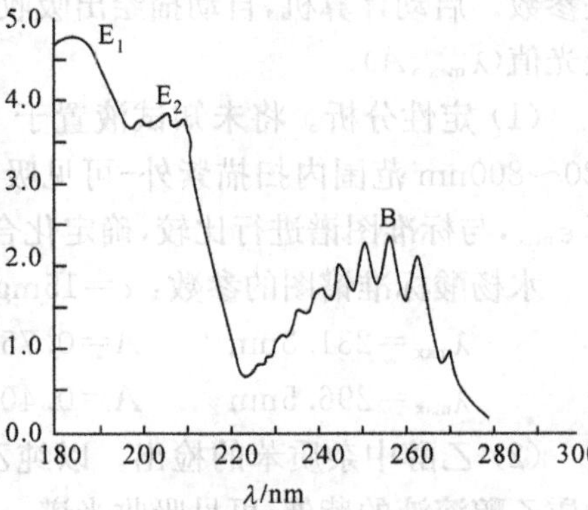

图 3-1　苯在异辛烷中的吸收光谱

(4) E 吸收带。是芳香族化合物的特征谱带之一，吸收强度大，ε 为 2000～14000 L/(mol · cm)，吸收波长偏向紫外的短波长部分，甚至在真空紫外区。

紫外-可见吸收光谱一般图形较简单、特征性不强；不同分子含有相同的发色团时其吸收光谱形状大体相似，因此，该法的应用有一定局限性。但紫外-可见吸收光谱适用于不饱和体系尤其是共轭体系的研究，利用分子共轭程度来推断未知物的骨架结构有独特优势。可作为一种辅助手段，配合红外光谱、核磁共振谱和质谱进行有机物的定性和结构分析。

未知试样的紫外-可见吸收光谱同标样的吸收光谱图进行比较。当浓度、溶剂等条件相同时，如果两者的光谱图相同(曲线形状、吸收峰数目、位置、拐点以及 λ_{max}、λ_{min}和 ε_{max}完全一致)则说明两者是同一化合物。

三、实验必备

UV-8500 等型号的紫外-可见分光光度计，1.0cm 带盖石英比色皿，容量瓶；水杨酸，无水乙醇，苯，正己烷，重蒸水。

四、动手实践

详细了解仪器的基本结构，仔细阅读说明书，了解仪器的基本功能并掌握使用方法。

打开外设计算机，进入桌面上的 UV-8500 图标，开仪器主机。等待灯预热及仪器自检约 5min 后计算机显示“就绪”。进入“波长扫描”选择“OK”，设置测试相关参数。启动计算机，自动描绘出吸收曲线并给出吸收峰对应的最大吸收波长和吸光值（λ_{max}、A）。

（1）定性分析。将未知试液置于 1.0cm 石英比色皿中，以重蒸水为参比，在 220～800nm 范围内扫描紫外-可见吸收光谱。记录 λ_{max}、A，确定峰值波长，并计算 ε_{max}，与标准图谱进行比较，确定化合物的名称。

水杨酸标准谱图的参数：$c=15$mg/L，$A=\varepsilon \cdot c$

$\lambda_{max}=231.5$nm　　$A=0.7504$　　$\varepsilon_1=8420$L/(mol · cm)

$\lambda_{max}=296.5$nm　　$A=0.4090$　　$\varepsilon_2=4520$L/(mol · cm)

（2）乙醇中杂质苯的检出。以纯乙醇为参比液，在 220～300nm 范围测绘含杂质乙醇溶液的紫外-可见吸收光谱。

记录乙醇试样的吸收光谱及实验条件，根据吸收光谱确定是否有苯吸收峰，峰值波长是多少。

纯乙醇 $CH_3—CH_2OH$ 是饱和醇，在 200～400nm 无吸收。

苯在紫外区有 3 个吸收带：

$\pi \to \pi^*$　180～184nm　$\varepsilon=47\,000$～$60\,000$（远紫外意义不大）

$\pi \to \pi^*$　200～204nm　$\varepsilon=8000$（在远紫外末端 200nm 有强吸收，不常用）

$\pi \to \pi^*$　230～270nm　$\varepsilon=204$［$\pi \to \pi^*$ 的弱吸收带，苯环的精细结构或苯带，常用来识别芳香族化合物，255nm 有弱吸收，$\varepsilon=215$ L/(mol · cm)］。

（3）溶剂性质对吸收光谱的影响。分别以正己烷、乙醇、水为溶剂配制浓度为 15mg/L 的水杨酸溶液，以相应的溶剂作参比液，测绘各溶液在 220～350nm 的吸收光谱。

记录不同溶剂中水杨酸的吸收光谱及实验条件，比较吸收峰的变化，了解溶剂的极性对吸收曲线的波长、强度的影响填入表 3 - 1 中。对比其最大吸收波长 λ_{max} 的变化并分析原因。

表 3-1　最大吸收波长(λ_{max})与溶剂的关系表

跃迁类型	正己烷	乙醇	水	极性
$\pi \rightarrow \pi^*$				
$n \rightarrow \pi^*$				

五、温馨提示

(1) 实验所用试剂均为光谱纯或经提纯处理。

(2) 石英液池每测一种溶液或溶剂必须清洗干净，并用被测液润洗 3 次。

(3) 仪器使用前根据要求进行登记。实验时先开计算机，再开仪器主机，关闭时相反。使用过程中严格按照操作规程执行各项操作。

六、开动脑筋

(1) 分子产生紫外-可见吸收光谱过程中电子跃迁的类型有哪些？

(2) 溶剂极性增大则 $\pi \rightarrow \pi^*$ 跃迁红移，而 $n \rightarrow \pi^*$ 跃迁紫移，为什么？

(3) 物质 ε_{max} 值的大小与哪些因素有关？

(4) 试样溶液浓度过大或过小，对测量有何影响？应如何调整？

实验七　傅里叶变换红外光谱鉴定有机官能团

一、学习导航与要求

(1) 掌握红外光谱法分析物质结构的基本原理、光谱图初步解析方法和官能团的鉴别；

(2) 了解红外光谱法样品制备方法；熟悉傅里叶变换红外光谱仪的操作和维护知识。

二、实验原理

红外光谱也称分子振-转光谱，它通过研究红外吸收光谱与物质结构间的关系对实验样品进行结构分析，因此，测定未知物结构是红外光谱法的重要用途。根据绘制的红外光谱图中吸收峰谱带的位置、形状和强度，结合分子特征基团振动频率与分子结构的关系来确定吸收带的归属，确认分子中所含的基团或化学键并推断分子的结构。

三、实验必备

傅里叶变换红外光谱仪，压片机(含压模)，玛瑙研钵，可拆式液体吸收池，NaCl

片(盐片),红外灯,脱脂棉,刮勺或药匙等;KBr 晶体、无水乙醇(A. R.)、$CHCl_3$(A. R.)、滑石粉、对硝基苯甲酸、苯乙酮等。

四、动手实践

启动主机、工作站及打印机开关,系统预热 10min;运行红外操作软件,设置仪器参数与测量参数及谱图输出保存路径等。

液体样品苯乙酮的制备及测试:将可拆式液体吸收池的盐片从干燥器中取出,在红外灯下用少许滑石粉混入几滴无水乙醇磨光其表面;再用几滴无水乙醇清洗盐片后,置于红外灯下烘干备用。将盐片放在液池的孔中央,盐片上滴一小滴苯乙酮,平压上另一盐片(不能有气泡)组装好液池,待测。

固体样品对硝基苯甲酸的制备及测试(KBr 压片法):将玛瑙研钵和压模从干燥器中取出,用浸有无水乙醇的脱脂棉擦拭干净后置于红外灯下烘干备用。取 1~2mg对硝基苯甲酸置于玛瑙研钵内;用镊子夹取 100~200mg KBr 晶体与样品在红外灯下混合研磨均匀(颗粒尺寸小于 2μm);用刮勺将样品转移至压模内,在压片机上制成厚约 1mm、直径约 10mm 的透明薄片;最后通过夹具将薄片装于样品架上待测。

测试样品、扫描红外谱图:采集背景光谱后,将样品及参比置于样品托架和参比托架上置于光路中,点击样品单通道进入谱图窗口扫谱。测试结束后选择文件菜单里的保存文件,保存和打印谱图。实验完毕,液体吸收池用 $CHCl_3$ 或无水乙醇洗去样品,盐片清洗后放回干燥器。固体样品用的模具、夹具、样品架等清理干净,放回干燥器中或妥善保管。

五、温馨提示

(1) 红外光谱仪使用前必须登记;发现异常及时处理,使用中严格按规程操作。

(2) 试样制备是否规范直接关系到红外谱图的准确性,因此对试液应注意使盐片保持干燥透明,每次测定前后均需用无水乙醇(必要时加滑石粉抛光)清洗并在红外灯下烘干。固体样品研磨时也应随时注意防止吸水,防止薄片脱模困难。

(3) 仪器注意防震、防潮、防腐蚀。

六、开动脑筋

(1) 分子产生红外吸收的条件是什么?红外光谱图能够提供化合物的哪些信息?

(2) 影响基团振动频率的因素有哪些?对推断分子结构有什么作用?

(3) 对于固、液、气等不同形态的样品,红外光谱法可采取哪些不同的制样方法?

(4) 压片法得到固体样品薄片后,若初测透射率过高或过低,如何处理?

阅读材料　红外谱图解析

图 3 - 2 是主要基团的红外特征吸收峰波数归属情况。

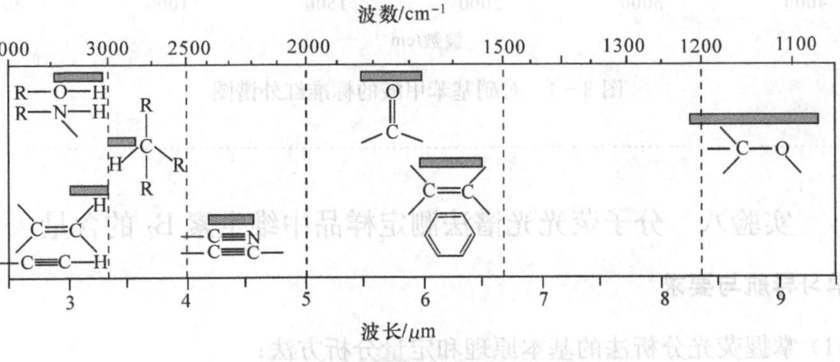

图 3 - 2　主要基团的红外特征吸收峰归属

(1) 苯乙酮。找出 C═O 伸缩振动吸收峰、苯环及甲基 C—H 键的伸缩振动吸收峰、苯环的骨架振动吸收峰、苯环及甲基 C—H 键弯曲振动吸收峰并说明苯环取代类型。最后与苯乙酮标准红外光谱(图 3 - 3)比较谱图特征峰是否一致。

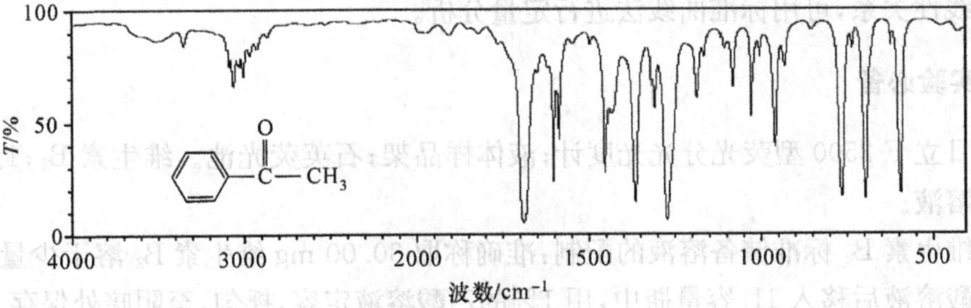

图 3 - 3　苯乙酮的标准红外谱图

(2) 对硝基苯甲酸。找出 C═O、O—H 键伸缩振动吸收峰；找出 Ar—NO_2 结构的伸缩振动吸收峰、苯环 C—H 键的伸缩振动吸收峰、苯环的骨架振动吸收峰；找出苯环 C—H、—NO_2 及 O—H 键弯曲振动吸收峰并说明苯环取代类型。最后与对硝基苯甲酸标准红外光谱(图 3 - 4)比较谱图特征峰是否一致。

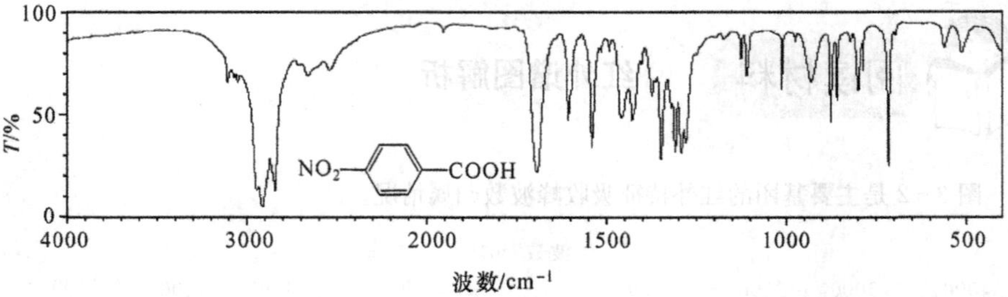

图 3-4　对硝基苯甲酸的标准红外谱图

实验八　分子荧光光谱法测定样品中维生素 B_2 的含量

一、学习导航与要求

（1）掌握荧光分析法的基本原理和定量分析方法；

（2）熟悉荧光分光光度计的构造及其使用。

二、实验原理

维生素 B_2（核黄素）的母核上存在共轭双键，是一种强荧光物质。在一定波长的激发光照射下，维生素 B_2 会发射出绿色荧光，其荧光强度在一定范围内与其浓度呈线性关系，可用标准曲线法进行定量分析。

三、实验必备

日立 F-2500 型荧光分光光度计；液体样品架；石英荧光池。维生素 B_2；1%的乙酸溶液。

维生素 B_2 标准储备溶液的配制：准确称取 30.00 mg 维生素 B_2 溶于少量 1%的乙酸溶液后移入 1L 容量瓶中，用 1%的乙酸溶液定容，摇匀，至阴暗处保存。

四、动手实践

按照日立 F-2500 型荧光分光光度计的操作规程开动仪器（参阅知识链接）。

标准曲线绘制：分别移取 0.20mL、0.40mL、0.60mL、0.80mL 和 1.00mL 维生素 B_2 标准储备溶液于 50mL 容量瓶中，用 1%乙酸溶液稀释至刻度，摇匀，浓度分别为 0.12μg/L、0.24μg/L、0.36μg/L、0.48μg/L 和 0.60μg/L。在最大荧光激发波长 430nm 和发射波长 535nm 下，分别测定维生素 B_2 系列标准溶液的相对荧光强度 I_F，并以 I_F 为纵坐标，以 B_2 标准溶液的浓度为横坐标，用计算机绘制标准曲线。

未知试样的测定：准确吸取 2.50mL 试液或称取一定量的试样于 100mL 容量瓶内，用 1%的乙酸溶液溶解、定容，摇匀后，在与标准曲线相同的条件下测定其荧光强度。根据试液的荧光强度，从标准曲线上查出试液中维生素 B_2 的浓度 c_x，计算样品中维生素 B_2 的含量 x(mg/g 或 mg/mL)：

$$x=\frac{c_x\times 100}{m}$$

式中，c_x 为从标准曲线上查出的维生素 B_2 的浓度(μg/mL)；m 为样品质量(g)或试液体积(mL)；100 为试液被定容的总体积数(单位：mL)。

五、温馨提示

(1) 维生素 B_2 溶液在强光照射下极不稳定，且在强酸、强碱溶液中易分解，从而导致荧光消失。

(2) 在测量过程中不得改变任何测量条件，否则应全部重测。

六、开动脑筋

(1) 测量时，荧光仪器的激发光与接受荧光的检测器为什么不在一条直线上？

(2) 荧光相对强度与哪些因素有关？为什么？

知识链接

F-2500 型荧光分光光度计操作规程

F-2500 型荧光分光光度计可用于测量荧光物质的光致发光和化学发光过程中的相对光强。

1. 开机

接好仪器及计算机电源。打开仪器电源开关，开启计算机，双击桌面 FL Solutions 2.0 图标，进入工作站界面。仪器自检及初始化，监视器界面指示"Ready"，并变成绿色后，开始测量。

2. 光谱定量分析

点击 Method 图标，进入测量设定界面；在 General 选项卡里选取 Photometry(光谱定量分析)；在Quantitation选项卡里输入标准曲线的设定条件：

(1) Quantitation 里选择测量方法。Wavelength(波长法)、Peak Area(峰面积法)、Peak Height(峰高法)、Derivative(导数谱法)、Ratio(比率法)。

(2) Calibration 里选择标准曲线的拟合方法。None(不拟合)、1^{st}order(一次曲线)、2^{nd}order(二次曲线)、3^{rd}order(三次曲线)、Segmented(折线法)。

(3) Concentration 里输入浓度单位值,Digit after decimal 里输入浓度值的有效数字位数。

(4) 选中 Manual Calibration 输入已知标准曲线的系数,选中 Force curve through zero,可强制曲线过原点。

(5) 在 Standard 选项卡里输入标准样品浓度值。

(6) Number of 里输入标准样品数,点击 Update 确认,在下面的列表里输入各样品的浓度值。

在 Instrument 选项卡里输入需要的测量条件:在 Wavelength 里选择指定波长的方式(一般选两个波长都指定 Both WL Fixed),并在下方的 EX 和 EM 栏里填入所需的波长值,按确定键确认。

点击 Measure 键,并参照提示依次放入标准样品,读出值。系统自动绘出标准曲线,并给出相关系数。放入待测未知样品,点监视器下方的 Blank 键可测量空白样品,点 Sample 键可测量待测未知样品。测量结束,点击 End 键即可自动弹出数据处理界面,进行数据处理。

3. 关机

点击 FL Solutions 软件右上角的"×"号,或选 File 菜单里的 Exit(退出),在弹出的对话框里选择关灯(或不关灯)并退出软件,点确认退出。待退出软件后,关闭电源。

实验九　荧光分光光度法测定食品中维生素 C 的含量

一、学习导航与要求

(1) 掌握荧光分光光度法的基本原理和测定食品中维生素 C 的方法;
(2) 了解 F-4500 型荧光分光光度计的使用。

二、实验原理

维生素 C 又称抗坏血酸,化学式为 $C_6H_8O_6$(结构见图 3-5),无色晶体,熔点为 190～192℃,易溶于水,水溶液呈酸性,在氧化剂存在下,易被氧化成脱氢抗坏血酸(图 3-6)。

脱氢抗坏血酸与邻苯二胺作用生成荧光化合物,此荧光化合物的激发波长是

350nm，荧光发射波长为 433nm，低浓度下其荧光强度与抗坏血酸浓度成正比。

若食品中含丙酮酸，也能与邻苯二胺生成一种荧光化合物干扰维生素 C 的测定。若向样品中加入硼酸，硼酸与脱氢抗坏血酸形成螯合物，但不能与邻苯二胺、丙酮酸作用，而丙酮酸仍可与邻苯二胺发生反应。

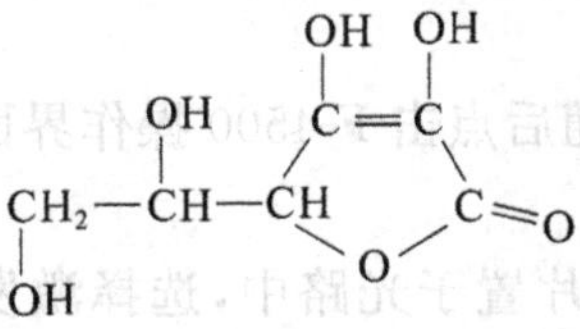

图 3－5 维生素 C 结构式

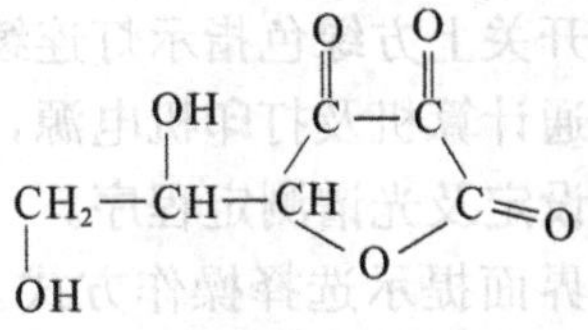

图 3－6 脱氢抗坏血酸结构式

因此，在测量时取相同的样品两份，其中一份加入硼酸，测出的荧光强度作为背景的荧光；另一份样品不加硼酸，测定荧光读数减去背景荧光后，其差值与抗坏血酸标样的荧光读数相比较，即可计算出样品中维生素 C 的含量。

三、实验必备

F-4500 型荧光分光光度计，石英荧光液池，捣碎机，离心机；容量瓶（50mL、200mL、500mL、1L），5mL 移液管，500mL 棕色试剂瓶，洗瓶，冰箱等。

百里酚蓝指示剂（麝香草酚蓝）：称取 0.1g 百里酚蓝，加 0.02mol/L 氢氧化钠溶液 10.75mL 溶解，用水稀释至 200mL。变色范围 pH1.2（红）～2.8（黄）；

乙酸钠溶液：称取 500g 乙酸钠溶解并稀释至 1L；

硼酸-乙酸钠溶液：称取硼酸 9g，加入 35mL 乙酸钠溶液，用水稀释至 1L（用前配制）；

邻苯二胺溶液：称取 20mg 邻苯二胺盐酸盐溶于 100mL 水中（用前配制）；

偏磷酸-冰醋酸溶液：称取 15g 偏磷酸，加入 40mL 冰醋酸，加水稀释至 500mL 过滤后，储存于冰箱中；

偏磷酸－冰醋酸－硫酸溶液：称取 15g 偏磷酸，加入 40mL 冰醋酸，用 0.015mol/L 硫酸稀释至 500mL；

维生素 C 标准溶液配制：准确称取 0.500g 维生素 C 溶于偏磷酸-冰醋酸溶液中定容至 500mL，此标准溶液浓度为 1.00mg/mL（用前配制）；移取上述溶液 5.00mL 再用偏磷酸－冰醋酸溶液定容至 50mL，浓度为 0.100mg/mL（用前配制）；

活性炭：取 50g 活性炭加入 250mL 10％盐酸，加热至沸，减压过滤，用蒸馏水冲洗活性炭，检查滤液中无铁离子为止，再于 110～120℃烘干备用；

溴水；

重蒸水。

四、动手实践

1. 仪器参数的设定

接通电源开关(POWER),5s 后按下氙灯按钮,点燃后,接通主开关(MAIN)。此时主开关上方绿色指示灯连续闪动 3 次。

接通计算机及打印机电源,启动操作系统,随后点击 F-4500 操作界面自动进入参数设定及光谱测定程序。

按界面提示选择操作方式。将适当的滤光片置于光路中,选择激发波长为 350nm,发射波长为 433nm。进入“标准曲线”菜单,以重蒸水为空白测“本底值”。

2. 标准曲线的绘制

将 0.100mg/mL 维生素 C 标准溶液 50mL 倒入锥形瓶中,加入 2～3 滴溴水(在通风橱内进行),摇匀变微黄色后,通空气将溴排净,使溶液恢复为无色。若用活性炭为吸附剂,加 1～2g 活性炭摇 1min,过滤。

取两个 50mL 容量瓶,各加入上述处理过的溶液 1.00mL,一个容量瓶中加入 20mL 乙酸钠溶液,用水定容至刻度,此液作为标准溶液。另一个容量瓶中加入 20mL 硼酸-乙酸钠溶液,用重蒸水定容至刻度,此液作为标准空白溶液。

取 5 支带塞的刻度试管,一支试管中加入 2.00mL 标准空白溶液,另 4 支试管中依次放入 0.50mL、1.00mL、1.50mL、2.00mL 标准溶液,再用重蒸水定容至 3.00mL。

避光反应:在避光的环境中迅速向各试管中加入 5.00mL 邻苯二胺溶液,加塞,振摇 1～2min,于暗处放置 30min。

荧光测定:选择上述最佳的仪器条件,记录各标准溶液、标准空白溶液的相对荧光强度,并计算出两者相对荧光强度的差值。用计算机绘制相对荧光强度对维生素 C 溶液浓度的标准曲线。

3. 样品荧光测定

样品处理:称取均匀样品 10g(视样品中维生素 C 含量而定,其含量约为 1mg);事先取少量样品加 1 滴百里酚蓝,若显红色(pH=1.2),即用偏磷酸-冰醋酸溶液定容至 100mL,若显黄色(pH=2.8),即用偏磷酸-冰醋酸-硫酸溶液定容至 100mL,定容后过滤备用。

将全部滤液转入锥形瓶中,加 1～2g 活性炭,振摇 1～2min,过滤,或在通风橱中加 2～3 滴溴水,以下操作与绘制标准曲线同。

取两个 50mL 容量瓶,各加 5.00mL 上述处理样液。向其中一个加入

20.00mL 乙酸钠溶液，用水稀释至 50.00mL 作为样品溶液；另一个加 20.00mL 硼酸-乙酸钠溶液，用重蒸水稀释至刻度，作为样品空白溶液。

取两支带塞的刻度试管，一支试管中加 2.00mL 样品溶液，另一支加入 2.00mL 样品空白溶液作为对比，再分别加 3.00mL 重蒸水。

避光加邻苯二胺，以下操作与绘制标准曲线相同，得出样品的相对荧光强度。从标准曲线上查出样品溶液中相对应的维生素 C 浓度，再计算出样品中维生素 C 的含量。

五、温馨提示

(1) 样品中如有泡沫，可滴加几滴乙醇、戊醇或辛醇消泡。

(2) 邻苯二胺溶液在空气中易氧化，颜色变暗，影响测定，所以应在临用前配制。

(3) 使用石英荧光池时，应手持其棱角处，不能接触光面，使用完毕应及时清洗干净。

(4) 影响荧光强度的因素很多，每次测定的条件很难完全控制一致。因此，标准曲线绘制最好与样品测定同时进行。

六、开动脑筋

(1) 测量未知试样时，其激发波长和发射波长如何获得？

(2) 溴水作为维生素 C 测定用的氧化剂有何优缺点？

(3) 在进行维生素 C 测定时，仪器的激发狭缝一般较窄(2nm)而荧光发射狭缝较宽(10nm)，能否反过来？为什么？

阅读材料　**维生素的类别和生理功能**

维生素(vitamin)分为脂溶性和水溶性两大类。脂溶性维生素包括维生素 A、维生素 D、维生素 E 和维生素 K。维生素 A 具有合成视紫红质、维持视力和上皮组织完整、促进生长发育之功能，缺乏时易得夜盲症、干眼病、上皮组织角化、生长发育受阻。动物肝脏、鱼肝油、蛋黄、乳类食品和绿色植物中富含维生素 A。维生素 D 促进人体对磷、钙的吸收，促进骨骼正常生长，缺乏时易患软骨病、佝偻病。富含维生素 D 的食物有牛奶、蛋黄、肝、鱼肝油等。皮肤在阳光下会合成维生素 D，适度晒太阳利于对钙的吸收。维生素 E 也称生育酚，能抗氧化、维持生殖机能、防止肌肉萎缩，成人日需要量约 10mg 左右，富含维生素 E 的食物有植物油、蛋类、谷类、新鲜蔬菜等。维生素 K 能促进凝血酶的合成，利于出血点的凝固，缺乏时凝血时间延长，皮下、胃肠道易出血，成人日需要量约为 1mg，可以从肝及绿色蔬菜中获得。

水溶性维生素主要为B类维生素和抗坏血酸等。维生素B_1即硫胺素，可促进糖的氧化，增进食欲，缺乏时易患脚气病，引起胃肠道功能性障碍，成人日需要量为1.2mg。谷物外皮及胚芽、酵母、豆类、瘦肉中含维生素B_1较丰富。维生素B_2也称核黄素，它参与生物体内的氧化反应，缺乏时会引起舌炎、唇炎、口角炎、脂溢性皮炎等疾病，成人日需要量为1.8mg。动物肝脏、黄豆，尤其是蛋黄中含有丰富的维生素B_2。

维生素PP即烟酸，也称为烟酰胺或尼克酰胺，它参与生物体的氧化，具有维持皮肤健康的作用，缺乏时易患癞皮病，成人日需要量为19.8mg。富含烟酸的常见食物为谷类、花生、酵母和肉类。维生素H也称为生物素，参与体内二氧化碳的固定，目前未发现人类典型的缺乏症，成人日需要量为0.1mg左右。

维生素B_6参与蛋白质和氨基酸的代谢过程，成人日需要量为1.6mg，谷类、豆类、酵母、肝、蛋黄中含量较多。维生素B_{11}即叶酸，与蛋白质核酸合成红细胞有关，缺乏时引起巨红细胞性贫血，成人日需要量为0.2mg，可从肝、酵母、绿叶蔬菜中获取。维生素B_{12}能促进甲基转移，核酸合成，促进红细胞成熟，缺乏时引起巨红细胞性贫血，成人日需要量为2μg，肝、肉、鱼等是富含维生素B_{12}的常见食物。

维生素C也称抗坏血酸，参与人体的氧化还原反应，有清除自由基的作用，缺乏时易患坏血病。成人日需要量约为30mg，可从猕猴桃、草莓、苹果等新鲜水果和蔬菜中获取。

实验十　微波压力消解-化学发光法测定水体中的价态铬（综合型实验）

一、学习导航和要求

（1）了解水中痕量铬的化学发光分析方法；

（2）掌握微波炉压力密封消解水样的技术；

（3）掌握YHF-1型液相化学发光仪的基本操作。

二、实验原理

H_2O_2氧化碱性鲁米诺（luminol）的反应在Cr^{3+}等金属离子存在下而加速，并伴随亮蓝色的化学发光（$\lambda_{max}=425nm$）。当固定H_2O_2和鲁米诺溶液（pH≥12.0）的浓度及用量时，其化学发光强度与Cr^{3+}浓度（10^{-10}g/mL至10^{-5}g/mL）呈线性关系，检测下限为6.2×10^{-13}g/mL，以此定量溶液中的Cr^{3+}。

由于$Cr_2O_7^{2-}$、CrO_4^{2-}对鲁米诺发光体系无催化活性，测定总铬时，向水样中加入过量亚硫酸，用聚四氟乙烯生料带密封后，于微波炉中快速加热，中挡功率消解4～5min，将水样中的六价铬还原为Cr^{3+}，在与Cr^{3+}相同的测定条件下定量总铬量。根据总铬量和Cr^{3+}量之差，求得水样中六价铬的含量。

水样中共存的Fe^{3+}、Fe^{2+}、Ca^{2+}、Mg^{2+}、Cu^{2+}等可迅速与试剂中加入的EDTA

生成相应的配合物，不干扰测定。自来水中的 Co^{2+} 一般含量极微，不足以干扰 Cr^{3+} 的测定，通常不予考虑，如果有显著干扰，可用 PAN 掩蔽消除。本实验具有较高的选择性。

三、实验必备

YHF-1 型液相化学发光仪，微波炉，聚四氟乙烯生料带，50mL 容量瓶，1L 试剂瓶，吸量管，酸度计，电磁搅拌器，pH 玻璃电极，小台秤，pH＝0.5～5.0 精密试纸。

0.01mol/L EDTA 溶液；1.0mol/L KOH 溶液；2.5mol/L KBr 溶液；6% H_2SO_3；4×10^{-2} mol/L H_2O_2（其中含 1.0×10^{-3} mol/L 的 EDTA)；$NaHCO_3$(A.R.)等。

1.0×10^{-4} g/mL Cr^{3+} 标准储备液：准确称取 0.5125g 干燥的 $CrCl_3\cdot6H_2O$(G.R.)溶于少量重蒸水中，定容为 1L 溶液储存。使用时，再逐级稀释成所需浓度，本实验使用 1.0×10^{-7} g · mL^{-1} Cr^{3+} 标准溶液。

1.0×10^{-3} mol/L 鲁米诺储备液：称取鲁米诺 0.1771g 于小烧杯中，加入 2mL 1.0 mol/L 的 KOH(或 NaOH)溶解，定容为 1L 溶液，于棕色试剂瓶中保存，备用。

2.5×10^{-4} mol/L 鲁米诺分析液：量取 250mL 鲁米诺储备液于 1L 烧杯中，加入 100mL 0.01mol/L EDTA，200mL 2.5mol/L KBr 和 8.4g $NaHCO_3$(A.R.)，再加 300mL 重蒸水，置于电磁搅拌器上搅拌，不断加入 1.0mol/L KOH 溶液，直至用酸度计测得 pH＝12.50 时，移入 1L 棕色容量瓶中，用重蒸水定容，摇匀。

pH＝2.50 HCl 稀溶液：在 1L 烧杯中加入 900mL 重蒸水，用 1.0mol/L 的 HCl 溶液在酸度计上调节 pH＝2.50(也可用 pH＝0.5～5.0 的精密试纸检验)，备用。

四、动手实践

1. 总铬水样的预处理

于干净的 50mL 容量瓶中准确加入 25.00mL 自来水、2.00mL 6%亚硫酸，用聚四氟乙烯生料带(2～3 层)密封容量瓶颈口，用橡皮筋紧固，置于微波炉中加热，中挡功率维持微沸 4min，关闭微波炉电源，取出容量瓶，冷却至室温，备用。

2. 标准溶液及待测液的制备

取 3 个 50mL 容量瓶，编号为 1、2 的依次加入 1.0×10^{-7} g/mL Cr^{3+} 标准溶液 0.00mL、5.00mL，用重蒸水稀释至 25.00mL。3 号容量瓶准确加入上述自来水样 25.00mL，前述预处理过的总铬水样编号为 4，然后小心用 0.1mol/L HCl 溶液分别将这 4 个溶液 pH 调节为 2.50(用 pH＝0.5～5.0 的精密试纸检验)，用pH＝2.50的

HCl 稀溶液定容，摇匀。

3. 测定

将预热好的仪器的“增益选择”旋至中挡，按下“高压”指示选择键，打开“高压”电源，绿指示灯亮，用高压“调节”旋钮调负高压至适当位置（一般为 $-500\sim-400$V，表头 1μA 相当于 -20V）。

将废液排放管夹子及试液储管活塞放开，用重蒸水充分洗涤试剂加入管、试液储管，待重蒸水排净后，夹紧废液排放管，关闭试液储管活塞。按下“复位”，用“调零”旋钮小心调至数显为“0”，同时将记录仪连接并调节好（也可不用记录仪）。

准确移取鲁米诺分析液 2.00mL、4×10^{-2} mol/L H_2O_2 溶液 1.00mL，依次注入试剂加入管。准确移取 1 号容量瓶中的溶液 2.00mL 于试液储管中，然后，均匀快速打开活塞，记录数显峰值，关闭活塞，打开废液管夹子，放净反应废液后重新夹好。按上述操作步骤对各溶液做 3～5 次平行测定。舍去可疑值后，取平均值进行计算。

测量完毕后，填写“仪器使用卡”，待老师验收后，将“高压调节”反时针旋至表头指针为零，关闭“高压”电源，其他键、钮恢复原位，关闭电源，整理好桌面及实验用品。

4. 数据处理

按下式计算水样总铬含量 $c_{总铬}$：

$$c_{总铬}(\text{g/L})=\frac{1.0\times10^{-7}(\text{g/mL})\times5.00(\text{mL})\times(I_4-I_1)\times1000}{(I_2-I_1)\times25.00\text{mL}}$$
$$=\frac{2.0\times10^{-5}(I_4-I_1)}{I_2-I_1}$$

式中，I_1、I_2、I_4 分别为测定 1 号（空白）、2 号（标准）和 4 号（总铬水样）容量瓶中溶液的相对发光平均峰值。

按下式计算水样中三价铬含量 $c_{Cr(Ⅲ)}$：

$$c_{Cr(Ⅲ)}(\text{g/L})=\frac{1.0\times10^{-7}(\text{g/mL})\times5.00(\text{mL})\times(I_3-I_1)}{(I_2-I_1)\times25.00(\text{mL})}\times1000$$
$$=\frac{2.0\times10^{-5}}{I_2-I_1}\times(I_3-I_1)$$

式中，I_1、I_2 的意义同上；I_3 为 3 号容量瓶溶液的相对发光平均峰值。显然，水样中六价铬的含量按下式计算：

$$c_{Cr(Ⅵ)}(\text{g/L})=c_{总铬}(\text{g/L})-c_{Cr(Ⅲ)}(\text{g/L})$$

五、温馨提示

(1) 实验中所用玻璃仪器事先应用稀硝酸浸泡后，用 0.01mol/L EDTA 处理 10min，然后用重蒸水洗净后使用。

(2) 化学发光值受酸度和试液的注入速度影响较大，因此平行测定时，每次注入试液的速度应均匀一致。而且，如果不换待测液，则不要用重蒸水洗涤试液储管和反应池，否则，测定精密度和灵敏度都将变差。

(3) 更换待测液时需用重蒸水洗涤试液储管和反应池（试剂加入管可不必洗涤），因此，洗后测定的第一个数据仅作为参考。

(4) 测定过程中，指示选择应始终按入“高压”键，此种情况下，能及时观察负高压值是否变化，随时予以调整，保证稳定在预定值上。

(5) 微波炉转盘上可同时加热消解 20 个左右水样，但盘中心有“热点”效应，为保护转盘，当消解样品少于 8 个时，最好在盘中央放一杯约 150mL 的水。

(6) 微波炉工作时，严禁放置金属材料的器皿，以保护磁控管。注意阅读微波炉使用说明书及其他方面的安全知识。

(7) 鲁米诺-H_2O_2 发光体系与 Cr^{3+} 的催化发光反应参阅《新编仪器分析》（第三版）（科学出版社，2009）。

(8) 按本实验设定，反应池中反应液为 5mL，pH 为 11.0 左右，可获得最高灵敏度。

六、开动脑筋

(1) 为什么要向鲁米诺分析液中加入 EDTA 和 KBr？

(2) 如何用该化学发光体系测定 Cr^{3+} 的检测下限和标准偏差 S、相对标准偏差 RSD？

(3) 用该化学发光体系测定水中痕量铬时，还有哪些定量分析方法？本实验用的是哪种定量分析方法？

(4) 标准溶液和所有待测液的 pH 为什么要调到 2.50？试液的注入速度对化学发光强度有何影响？怎样控制？

(5) 化学发光分析研究中，常需记录化学发光光谱（$I_{CL}-\lambda$），如何实现？

实验扩展

利用 FT-632 型化学发光仪进行铬的定量测定（工作曲线法）

分别吸取 100μg/mL 的 Cr^{3+} 标准液 0.00mL、0.20mL、0.40mL、0.60mL、1.00mL 及 1.00mL 水样于 50mL 容量瓶中，分别加入 5.00mL 2.50mol/L KBr 溶液，5.00mL 1.0×10^{-2}mol/L EDTA 溶液，用重蒸水定容。

将仪器通电 5min，增益调至 5.7，稳定 30min 后测定。测定时吸取 0.20mL 上述标准溶液或水样定容溶液于小试管中，将试管置入样品池，转至测量位置，记录仪于扫描挡，立即注射0.20mL鲁米诺与过氧化氢的等体积混合液，记录相对发光峰值。以Cr^{3+}标准溶液的浓度为横坐标，以标准溶液的相对发光峰值为纵坐标用计算机绘制工作曲线，并根据水样定容液相对发光峰值，由工作曲线查得并计算出水样中Cr^{3+}的含量。实验完毕后，将增益调至零，再关仪器开关并清洗试管和注射器。

温馨提示：使用仪器时，所用增益值不超过5.7；若仪器出现过载保护情况，应立即将增益调至零，切断电源，停机5min后方可重新开机；每次注射液应保证进入样品管，如有漏液应及时用滤纸擦净，以免腐蚀仪器。

阅读材料　**铬的价态与生理活性**

铬的常见价态是Cr^{3+}和以$Cr_2O_7^{2-}$、CrO_4^{2-}形态存在的六价铬。

Cr^{3+}是生物所需微量元素之一，微量铬可提高植物体内过氧化酶和多酚氧化酶活性，增加叶绿素和葡萄糖含量，使产量大幅度提高。但土壤和灌溉用水中含铬量大于一定限度时会毒害某些植物的根，阻碍植物对钙、镁、磷和铁等元素的吸收，出现缺铁失绿现象甚至死亡。

铬是人体所需微量元素，能促进机体糖代谢、脂代谢的正常进行，在胰岛素存在下，铬能加强眼球晶状体对葡萄糖的吸收，促进利用葡萄糖合成糖原的过程，是人体内葡萄糖耐量因子的组成成分，对人体健康起着较为重要的作用，但铬化合物浓度尤其是六价铬浓度高时会带来毒性，六价铬毒性要比三价铬大得多。

实验十一　流动注射化学发光法快速测定去离子水中微量有机物质（创新型实验）

一、学习导航和要求

（1）了解和掌握流动注射化学发光分析测定去离子水中微量有机物质的原理和方法；

（2）熟悉和掌握流动注射化学发光分析仪、微波炉压力消解样品、石英亚沸高纯水的制备等操作和技术。

二、实验原理

实验室所用去离子水含有微痕量有机物质、细菌体和离子交换树脂微溶物质等非电解质组分，它们可能成为微痕量分析技术的主要干扰因素，是去离子水质量评价的主要参数之一。水中的微量有机物质在微波场的作用下，与酸性 $K_2Cr_2O_7$ 反应，生成等物质的量的 Cr^{3+}：

$$2K_2Cr_2O_7 + 3C + 16H^+ \!=\!=\!= 3CO_2\uparrow + 4Cr^{3+} + 8H_2O + 4K^+$$

利用 Cr^{3+} 对鲁米诺-H_2O_2 化学发光体系的线性催化作用，可间接测定水中的微量有机物质。

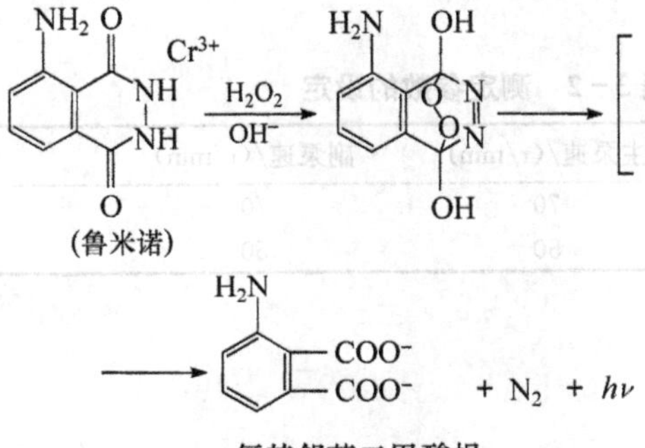

氨基邻苯二甲酸根

三、实验必备

IFFM-D 型流动注射化学发光分析仪，家用微波炉，SYZ-B 型石英亚沸高纯水蒸馏器，酸度计，电导率仪，50mL、100mL 容量瓶，1mL、5mL、10mL 吸量管等。

2.000×10^{-2}mol/L$\left(\frac{1}{6}\ K_2Cr_2O_7\right)$重铬酸钾溶液：称取已干燥恒量的 $K_2Cr_2O_7$（基准）0.9806g 溶于少量重蒸水中，定容 1L 后摇匀备用。

2.50×10^{-4}mol/L 鲁米诺分析液：称取鲁米诺 0.0443g 于大烧杯中，加无水 Na_2CO_3 5.3g，KBr 60.1g，用 500mL 重蒸水溶解并在酸度计上调 pH＝12.50 后，移入 1L 棕色容量瓶中，用 pH＝12.50 的 NaOH 溶液定容，摇匀，加盖，放置至少一周后使用。

1.000×10^{-2}mol/L$\left(\frac{1}{3}\ Cr^{3+}\right)$标准储备液：称取干燥铬粉（A. R.）0.1733g 于烧杯中，用 6 mol/L H_2SO_4 溶液溶解后定容为 1L，摇匀备用。用时逐级稀释为 1.000×10^{-4}mol/L$\left(\frac{1}{3}\ Cr^{3+}\right)$，用 pH2.50 的 H_2SO_4 溶液定容。

0.040 00 mol/L 溶液 H_2O_2（内含 1.00×10^{-4}mol/L EDTA），H_2SO_4（1＋1）溶液。

四、动手实践

1. 实验用重蒸水的制备

用石英亚沸高纯水蒸馏器将去离子水重蒸 3 次以上，每次均加入适量

$KMnO_4$和H_2SO_4溶液，使被蒸水呈现微红色以氧化水中的微量有机物质。收集的重蒸水电导率应小于1.0×10^{-6}S/cm，pH>5.6，并用此重蒸水配制试剂及进行空白测定。

2. 仪器测定参数的设定

流动注射化学发光分析仪的增益选择为1，负高压为280V，其他参数按表3-2设定。

表3-2　测定参数的设定

步数	时间/s	主泵速/(r/min)	副泵速/(r/min)	阀位
1	5	70	70	左
2	15	50	50	右

3. 工作曲线的测绘

用吸量管准确移取1.000×10^{-4} mol/L$\left(\frac{1}{3}Cr^{3+}\right)$铬(Ⅲ)标准溶液0.00mL、0.25mL、0.50mL、1.00mL、1.50mL、2.00mL、2.50mL，分别置于7个50mL容量瓶中，用pH2.50的稀H_2SO_4溶液定容，混匀后在仪器设定参数下依次测定其相对发光值。以扣除空白后的相对发光值为纵坐标，以$Cr^{3+}\left(\frac{1}{3}Cr^{3+}\right)$标准溶液的浓度为横坐标用计算机绘制工作曲线。

4. 试液的消解及测定

准确移取10.00mL去离子水于100mL容量瓶中，加入2.000×10^{-2} mol/L$\left(\frac{1}{6}K_2Cr_2O_7\right)$重铬酸钾溶液5.00mL、$H_2SO_4$(1+1)溶液1.00mL、重蒸水10.00mL，用聚四氟乙烯生料带密封后置于输出功率为850W的微波炉内，在80%微波功率下消解7min，取出冷至室温，用重蒸水定容。摇匀后准确移取5.00mL于50mL容量瓶中，用pH2.50的H_2SO_4溶液定容，摇匀后在与工作曲线相同条件下测定，同时进行空白测定。根据试液和空白液的化学发光值之差，由工作曲线查得并按下式计算去离子水中有机物质的总量：

$$n\left(\frac{1}{4}C\right)=\frac{n\left(\frac{1}{3}Cr^{3+}\right)\times100.00\times1000.00}{5.00\times10.00}=n\left(\frac{1}{3}Cr^{3+}\right)\times2000.00$$

式中，$n\left(\frac{1}{3}Cr^{3+}\right)$为由工作曲线查得每50mL定容测定液中有机物质所相当的

Cr^{3+} $\left(\frac{1}{3}\ Cr^{3+}\right)$的物质的量，单位为 mol；$n\left(\frac{1}{4}C\right)$为每升去离子水中所含有机物质的物质的量(mol)。

实验完毕后，用重蒸水清洗各管道，依次关闭检测器、主机电源。

五、温馨提示

(1) 鲁米诺分析液中加入 KBr，可使相对发光强度增加 5～6 倍；溶液中加入 EDTA，可消除 H_2SO_4、KOH 等试剂中所含其他金属离子的干扰。

(2) 光电倍增管的负高压不要设置太高，一般不超过 500V，否则会大大缩短其寿命。

(3) 所用玻璃仪器事先用 8 mol/L HNO_3 微波加热 15s 左右，并充分浸润内壁数分钟，最后用重蒸水冲净投入使用。

(4) 试液中过量的 $K_2Cr_2O_7$ 在该实验条件下对 Cr^{3+} 的测定没有影响。

(5) 本实验为作者创新型研究成果，发表于《中国卫生检验杂志》(核心期刊)[2005 年，15(6)：654～656]。

六、开动脑筋

(1) 改变流动注射分析仪主泵、副泵的转速对相对化学发光强度是否会有影响？为什么？

(2) Cr^{3+} 试液及标准溶液的 pH 为什么控制在 2.50？如何控制？

(3) 微波压力消解试液有何特点？

(4) 被蒸去离子水中为什么要加入 $KMnO_4$ 和 H_2SO_4？制备好的重蒸水的电导率应控制为多少？

知识链接　**流动注射化学发光仪的使用方法及维护**

尽管流动注射化学发光仪的生产企业和类型比较多，如 IFFL-D 型流动注射化学发光仪、MCFL-A 多功能化学发光分析仪与流动注射仪组合型，还有毛细管电泳流动注射化学发光仪、超微弱流动注射化学发光仪等，但它们的使用操作和维护方法大同小异。目前，流动注射化学发光仪均开发和安装有满足各种测定需要的软件，流动注射的流路系统及设定也较为灵活，给具体分析工作带来很大的方便，可根据需要进行选择和设置。

1. 流动注射分析(FIA)的基本流路示意图(图 3-7)

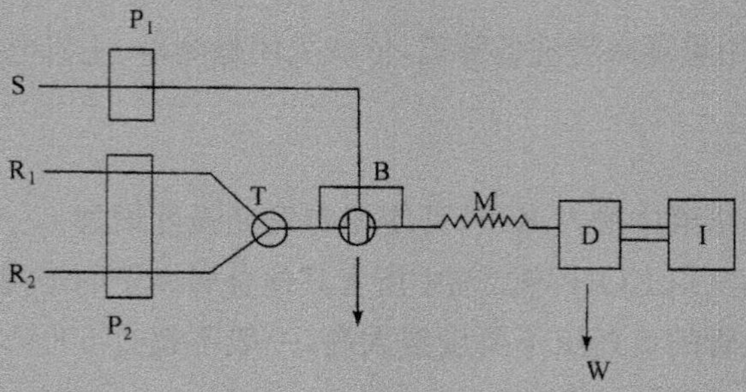

图 3-7 流动注射分析(FIA)的基本流路系统示意图
P为蠕动泵;B为旁通管;R为试剂管;S为样品溶液;T为三通阀;M为混合盘管;
D为检测器;W为废液管;I为各类型信号显示器

2. 仪器的使用方法

(1) 打开电源,接通各个管路;
(2) 打开计算机,调出实验分析软件;
(3) 建立测量参数表:设定运行步数、每步运行时间、主泵及副泵速度、阀位等参数;
(4) 管路及发光盘管注入去离子水流动清洗 30s;
(5) 将进样毛细管放入处理好的试液和试剂液中进行测定,开始出现的前两个数据仅作为参考;
(6) 计算机运行程序自动扫描光谱、记录,对光谱图进行处理,得到实验结果;
(7) 其他的功能可参阅仪器说明书。

3. 仪器的维护

(1) 流动注射化学发光仪器控制面板上不得沾水,以防止按键失灵。
(2) 保持仪器清洁,经常擦拭,以免灰尘堵塞管路。
(3) 每次使用后用去离子水清洗管路,以免待测液沉积管内,造成堵塞。
(4) 经常擦拭三通阀,避免脏物堵塞阀门。
(5) 长期不用时应将管路取下清洗后收好,避免沾染杂质。

实验十二 动力学分析法测定蔗糖比旋光度、水解转化速率常数 K 和半衰期 $t_{\frac{1}{2}}$（综合型实验）

一、学习导航和要求

(1) 了解旋光度、比旋光度的概念；

(2) 熟悉旋光仪的使用和操作方法；

(3) 掌握用动力学分析技术测定蔗糖转化速率的方法。

二、实验原理

当一束偏振光通过蔗糖、葡萄糖等物质时，可把振动面旋转一定角度，旋转的角度称为旋光度。向右旋者称为右旋物质，旋光度取正值；向左旋者称为左旋物质，旋光度取负值。

物质的旋光度取决于物质的本性和测定条件，测定温度、波长恒定时，旋光度与溶液的浓度 ρ 和液层厚度 l 成正比。人们把偏振光通过液层厚度为 1dm，浓度为 1g/mL 时的旋光度称为该物质溶液的比旋光度，以$[\alpha]_\lambda^t$表示，则

$$[\alpha]_\lambda^t=\frac{\alpha}{\rho l}$$

式中，α 为旋光度；λ 为测定光源的波长；t 为测定时的温度；ρ 为溶液的质量浓度 (g/mL)，物质的比旋光度可从手册中查出。由于旋光度在一定条件下与浓度成正比，因此，利用旋光度可以测定反应的转化速率常数 K。

蔗糖的水解反应为

$$\underset{\text{蔗糖(A)}}{C_{12}H_{22}O_{11}}+H_2O\longrightarrow \underset{\text{葡萄糖(C)}}{C_6H_{12}O_6}+\underset{\text{果糖(D)}}{C_6H_{12}O_6}$$

该反应为二级反应，由于反应中大量 H_2O 的浓度可视为常数，催化剂 H^+ 的浓度可保持恒定。所以，可用假一级反应速率方程式表示为

$$-\frac{dc}{dt}=Kc$$

积分可得

$$K=\frac{1}{t}\ln\frac{c_0}{c}$$

式中，c_0为反应物的初始浓度；c 为时间 t 时反应物的浓度。因此，只要测得不同反应时刻蔗糖的浓度，即可求得反应速率常数 K。

蔗糖、葡萄糖、果糖的比旋光度$[\alpha]_{589}^{20}$依次为 66.55°、52.50°、−91.90°，所以随着转化反应的进行，右旋数值逐渐减小，最终变为左旋。如果设 α_0、α_t、α_∞分别为

反应初始、反应 t 时、反应终了时溶液的旋光度，$K_{蔗}$、$K_{葡}$、$K_{果}$ 分别为蔗糖、葡萄糖、果糖的旋光度与浓度之间的比例系数，则

$$\alpha_0 = K_{蔗} c_0 \quad (t=0\text{ 时})$$

$$\alpha_t = K_{蔗}(c_0 - c) + (K_{葡} + K_{果})c$$

$$\alpha_\infty = (K_{葡} + K_{果})c_0 \quad (t=\infty,\text{蔗糖完全转化})$$

将上述 3 式合并，消去 K，则有

$$\frac{c_0}{c} = \frac{\alpha_0 - \alpha_\infty}{\alpha_t - \alpha_\infty}$$

因此有

$$K = \frac{1}{t}\ln\frac{c_0}{c} = \frac{1}{t}\ln\frac{\alpha_0 - \alpha_\infty}{\alpha_t - \alpha_\infty}$$

$$\ln(\alpha_t - \alpha_\infty) = -Kt + \ln(\alpha_0 - \alpha_\infty)$$

若测出不同时刻的 α_t 及 α_∞，以 $\ln(\alpha_t - \alpha_\infty)$ 对 t 作图，所得直线的斜率即为蔗糖水解反应的速率常数 K。

三、实验必备

旋光仪与附件，恒温槽或水浴，叉形反应管，烧杯，移液管，容量瓶，秒表，蔗糖(CP)，2.0mol/L HCl 溶液等。

四、动手实践

(1) 调节恒温槽的温度为 30℃。

(2) 配制蔗糖溶液。称取 20.00g、15.00g、10.00g、5.00g 蔗糖分别置于干净的 50mL 烧杯中，各加 H_2O 溶解后，分别定容于 100mL 容量瓶中，得到 20%、15%、10%、5%的蔗糖溶液。

(3) 蔗糖溶液比旋光度的测定。① 旋光仪零点的校正：把旋光仪两端的螺旋打开(注意两端盖的玻片，以防跌碎)，洗净旋光管，装满 H_2O 后盖上玻片(不要留有气泡)，旋紧螺旋，擦干玻片上的水渍后，把旋光管放入旋光仪中，打开光源，旋转刻度盘直到目镜视野中 3 部分明暗度相同为止。读取刻度盘上的读数，重复 3 次，取平均值作为旋光仪的零点 α_0。② 蔗糖溶液比旋光度的测定：将以上配制好的蔗糖溶液按由稀到浓的顺序分别装入旋光管，测其旋光度，则溶液的旋光度 $\alpha = \alpha_{测量} - \alpha_0$，按实验原理部分中比旋光度的公式计算，并从 4 个不同浓度的溶液计算蔗糖$[\alpha]_\lambda^t$ 的平均值，要求测定结果的误差在±1 以内，才能进行以下实验。

(4) 蔗糖水解反应转化速率常数 K 的测定。① α_t的测定：用移液管吸取 50.00mL 20%的蔗糖溶液放入叉形反应管一侧，取 50.00mL 2.0mol/L HCl 溶液放入叉形反应管的另一侧，将叉形反应管放入恒温槽中恒温 10min 后，摇动使溶

液混合，同时记录时间 t。迅速将溶液摇匀，用此溶液洗旋光管 2～3 次后装满，放入恒温槽中 15min 后取出，擦干后测定旋光度。然后迅速将旋光管放回恒温槽中，以后每隔 5min 测定一次，共测 9～10 个数据。② α_∞的测定：要使蔗糖在 30℃时水解，通常需要 48h 左右，为提高功效，可把叉形反应管中的剩余溶液放在 60～65℃的水浴中加热 1h 左右，使反应接近完成，然后取出，冷却后装入旋光仪，再放入 30℃的水浴中恒温 10min 后，测定的旋光度即为 α_∞值。实验结束后，洗净旋光管，装满蒸馏水。

(5) 数据处理。将时间 t、旋光度 $\alpha_t-\alpha_\infty$、$\ln(\alpha_t-\alpha_\infty)$列成表，以 t 为横坐标，$\ln(\alpha_t-\alpha_\infty)$为纵坐标作图得一直线，由直线的斜率即可求出 30℃时，在2.0mol/L HCl 溶液中蔗糖水解转化反应速率常数 K，利用 K 求出半衰期 $t_{\frac{1}{2}}$：

$$t_{\frac{1}{2}}=\frac{0.693}{K}$$

五、温馨提示

(1) 用于测 α_∞的蔗糖溶液要置于 65℃以下的恒温槽中，温度过高会引起其他副反应。

(2) 因旋光仪 α_t随反应时间而变化，故测定要迅速。

(3) 注意保护旋光管两端的玻片，不要用手或硬纸擦拭。

(4) 由于旋光度在反应过程中逐渐从右旋变为左旋，所以，测定时不要随意转动刻度盘上的旋钮，应有规律地向一个方向转动，以免影响测定的准确性。

(5) 由于$[\alpha]_\lambda^t$ 的温度系数小，可不必进行温度校正。

(6) 测定结束后，旋光管要用水洗净并装满水。

六、开动脑筋

(1) 蔗糖转化反应速率常数 K 与哪些因素有关?

(2) 根据蔗糖、葡萄糖和果糖的比旋光度数据，如何计算 α_∞?

(3) 采取何种措施可以迅速加快反应时间，提高工作效率和测定的准确度?

阅读材料　**糖　类**

糖在自然界广泛分布于动物、植物和微生物内，尤以植物中所含的糖量多。由水和空气中二氧化碳合成糖的过程是一个吸收能量的过程。所以，糖是一种高能量化合物，是生物新陈代谢过程的重要能量来源。根据糖的结构和性质可分为单糖、低聚糖、多糖三大类。

单糖是多羟基醛、多羟基酮,不能通过水解反应变成更简单的糖。单糖都是结晶体,能溶于水,绝大多数具有甜味,主要有葡萄糖、果糖、核糖和半乳糖。

水解时生成2～10个分子单糖的化合物称为低聚糖,如蔗糖、麦芽糖和乳糖。低聚糖大多是结晶体,溶于水,有甜味。水解时生成10个分子以上单糖的化合物称为多糖,如糖原、淀粉和果胶、纤维素。多糖大多是无定形的白色固体,多糖没有甜味,多数不溶于水。人体从食物中摄取的低聚糖和多糖,必须转化为单糖后,才能被人体组织吸收和利用。

人体中的糖主要是葡萄糖和糖原,占人体干重的2%左右。人体中葡萄糖是食物中的淀粉在口腔、胃肠道中与唾液淀粉酶、胰淀粉酶、肠淀粉酶混合后不断消化形成的。食物中的蔗糖和乳糖,也可在酶的作用下,消化后成为葡萄糖和果糖。葡萄糖在体内随体液至全身各细胞组织进行氧化释放能量,供人体基础代谢和从事一切活动之需。糖原是糖在人体内的储存形式,主要储存在肝脏和肌肉中,分别叫做肝糖原和肌糖原。糖原在神经系统的调节下,根据人体的需要,随时分解转化为葡萄糖,迅速供给血液、细胞组织利用。

糖可与蛋白质结合成糖蛋白,如抗体、某些激素等,有增强抗病能力、保护人体健康、促进新陈代谢、调节正常生理的功能。黏多糖与蛋白质结合成黏蛋白,构成结缔组织的基质,是软骨、骨骼和眼球的组成成分。糖类还有保护肝脏,促进代谢,增强肝脏解毒的功能。

实验十三 动力学分析法测定乙醇脱氢酶(ADH)活力
(综合型实验)

一、学习导航和要求

(1) 熟悉和掌握乙醇脱氢酶活力的测定原理和方法;

(2) 熟悉乙醇脱氢酶活力动力学测定的基本操作。

二、实验原理

乙醇脱氢酶(ADH)在有β-烟酰胺腺嘌呤二核苷酸(氧化型NAD^+)存在的弱碱性介质中,可催化乙醇的脱氢反应生成乙醛:

$$C_2H_5OH + NAD^+ \xrightarrow{ADH} CH_3CHO + NADH$$

产物还原型的β-烟酰腺嘌呤二核苷酸(NADH)在340nm处有最大吸收,反应速率与乙醇脱氢酶的活力在一定条件下有线性关系,当乙醇脱氢酶的用量固定时,即可测定其一定温度下的活力。

一个乙醇脱氢酶国际单位(IU)是指25℃时在规定条件下单位时间内还原1μmol NAD^+所需的酶量。

三、实验必备

1mL、2mL 吸量管，50mL、100mL 容量瓶，100mL、500mL 量筒，电子天平，分光光度计，秒表，酸度计等。

pH8. 8 $Na_4P_2O_7$ 缓冲液：称取 1. 4270g $Na_4P_2O_7 \cdot 10H_2O$ 溶于少量蒸馏水中，用 1mol/L NaOH 的溶液调节 pH 为 8. 8，定容至 100mL。

底物浓度：取 12. 12mL 95%的乙醇（A. R.）溶于蒸馏水中，并定容至 100mL。

辅酶溶液：称取 0. 8970g $C_{21}H_{27}N_7O_{12}P_2 \cdot 3H_2O$（β-烟酰胺腺嘌呤二核苷酸，$NAD^+$）溶于蒸馏水中，并定容至 50mL。

pH7. 5 的磷酸盐缓冲液：向 100mL 0. 1 mol/L KH_2PO_4 的溶液中不断加入 0. 1mol/L 的 Na_2HPO_4（或 K_2HPO_4）溶液，边加边搅拌，并用酸度计调节 pH7. 5 为止。

pH7. 5 的明胶缓冲液：取 1. 0g 明胶在加热条件下溶于 800mL 蒸馏水中，加 100mL pH7. 5 的磷酸缓冲液，冷至室温后，用酸度计以稀 H_3PO_4 溶液或 NaOH 稀溶液调节 pH 为 7. 5，用蒸馏水定容至 1000mL。

酶溶液：将乙醇脱氢酶溶于磷酸盐缓冲液中，使浓度达到 1mg/mL，在测定开始前，用 pH7. 5 的明胶缓冲液逐级稀释，浓度可控制为 0. 05～0. 25IU/mL。

四、动手实践

用移液管向比色管内移入 1. 50mL $Na_4P_2O_7$ 缓冲液、0. 50mL 底物溶液和 1. 00mL 辅酶溶液，混合，并控制温度为 25℃（也可控制为 30℃、37℃，但需要注明温度）加入 0. 10mL 酶溶液混合，同时按动秒表，迅速加入到 1. 0cm 比色管中，每隔 1min 读出 λ_{max} = 340nm 为入射光时溶液的吸光度，连续测定、记录 4～5min，直至每分钟吸光度的增大值达到稳定时为止。求出每分钟吸光度增加的最大值 ΔA_{340}。

五、结果计算

酶的活力是指 1mg 酶制品所含的酶单位数，以 IU/mg 表示。按下式进行计算：

$$\text{酶的活力} = \frac{\Delta A_{340} \times 3.10 \times 10^{-3}\,\text{L}}{6.2 \times 10^3\,\text{L/(mol} \cdot \text{cm)} \times m_{\text{酶}}} \times 10^6\,(\text{IU/mg})$$

式中，ΔA_{340} 为 340nm 处每分钟吸光度的稳定增大值，单位为 $min^{-1} \cdot cm^{-1}$；$m_{酶}$ 为所用酶溶液中所含酶的质量（mg）；6.2×10^3 L/(mol · cm) 为 NADH 的摩尔吸光系数 ε 值；3.10×10^{-3} L 为测定液的总体积。

例 3－1　称取某乙醇脱氢酶样品 25. 0mg，定容为 250mL，再按 1∶250 稀释。0. 10mL 此稀释溶液中含该酶样为 4.0×10^{-5} mg。λ_{max} 为 340nm 处测定时，每分钟吸光度的增大值为 0. $097cm^{-1} \cdot min^{-1}$，则该酶的活力为

解 $$\frac{0.097\text{cm}^{-1}\cdot\text{min}^{-1}\times3.10\times10^{-3}\text{L}\times10^{6}}{6.2\times10^{3}\text{L/(mol}\cdot\text{cm)}\times4.0\times10^{-5}\text{mg}}=1212.5\ \text{IU/mg}$$

实验十四　原子吸收法测定环境水样中的镁

一、学习导航和要求

(1) 掌握原子吸收光谱法测定金属元素的原理与方法；

(2) 掌握标准曲线法在实际样品分析中的应用；

(3) 了解原子吸收分光光度计的基本构造，初步熟悉其操作方法；

(4) 掌握火焰原子吸收法测镁的条件。

二、实验原理

在使用锐线光源的条件下，基态原子蒸气对其共振线的吸收符合朗伯-比尔定律：

$$A=\lg(I_0/I)=KLN_0$$

在固定的实验条件下，待测元素的原子总数与该元素在试样中的浓度 c 成正比。因此，上式可以表示为 $A=K'c$。这就是原子吸收(atomic absorption spectrometry,AAS)定量分析的依据。对于组成简单的试样，可以用标准曲线法进行定量分析。

将样品试液吸入空气-乙炔火焰中，在火焰的高温下，镁化合物离解为镁基态原子，基态镁原子蒸气对镁空心阴极灯发射的特征谱线产生吸收。将测得的试样溶液的吸光度扣除试剂空白的吸光度，利用标准曲线法，确定试液中的镁含量。

三、实验必备

TAS-986 型/GGX-Ⅱ型原子吸收分光光度计，镁空心阴极灯，乙炔钢瓶，空气压缩机。

10μg/mL 镁标准溶液：称取高纯金属镁 1.000g 于 100mL 烧杯中，以少量盐酸(1+1)将其溶解，移入 1L 容量瓶中，用 1%的盐酸稀释至刻度，摇匀。此溶液每毫升含镁 1.000mg，作为储备溶液，用时稀释为 10μg/mL 的标准溶液。

四、动手实践

仪器测定条件：波长 285.2nm，通带 0.2nm，灯电流 1.0mA，燃烧器高度 5～6mm，乙炔流量 2.0mL/min，空气流量 7.0mL/min。

1. 标准曲线法

镁标准系列溶液的配制：分别移取 10μg/mL 镁标准溶液 0.50mL、1.00mL、

1.50mL、2.00mL 和 2.50mL，置于 5 个 50mL 容量瓶中，用蒸馏水稀释至刻度摇匀，得镁标准系列溶液。井水直接取 4.00mL，河水过滤后取 10.00mL，各加入 1.00mL (1+1)的盐酸，用蒸馏水稀释至 50mL。

根据仪器操作步骤按由低到高的浓度顺序测定标样溶液和样品溶液的吸光度。以测得镁标准溶液的吸光度为纵坐标，相应的浓度为横坐标，输入有关数据，仪器自动绘制 A-c 标准曲线。

从 A-c 标准曲线上查出试液的 c_x 值，乘以稀释倍数后即得水样中镁的含量。

2. 标准加入法

取 4 个 50mL 容量瓶，各加入 4.00mL 自来水样及 1.00mL(1+1)盐酸，然后依次加入 0.00mL、0.50mL、1.00mL、1.50mL 镁工作溶液(10μg/mL)，用蒸馏水稀释至刻度，摇匀。分别测定各溶液的吸光度值，以吸光度对镁的浓度作图，用直线外推法求得水样中镁含量，并与标准曲线法的结果对照。

五、温馨提示

(1) 试样的吸光度应在标准曲线的中部，否则，可改变取样的体积重新测定。

(2) 实验时，要打开通风设备，使金属蒸气及时排出室外；点火时，先开空气瓶后开乙炔瓶；熄火时先关乙炔，后关空气；室内若有乙炔气味，应立即关闭乙炔气源，通风，排除后再继续实验。

(3) 更换空心阴极灯时，要将灯电源开关关掉，以防触电和造成灯电源短路。

(4) 排液管应水封，防止回火；钢瓶附近严禁烟火。

六、开动脑筋

(1) 试述标准曲线法的特点及适用范围。

(2) 如果试样成分比较复杂，应该怎样进行测定？

(3) 如何绘制吸光度-燃气流量曲线？如何找出最佳燃助比？

(4) 怎样绘制吸光度-燃烧器高度曲线？如何找出最佳燃烧器高度？

(5) 试比较标准曲线法和标准加入法的优劣。

(6) 在原子吸收分光光度计中，为什么单色器位于火焰之后，而紫外分光光度计中单色器位于比色皿之前？

(7) 分析方法测得结果偏高或偏低，则其回收率应是怎样的？是否可以利用回收率来校正测得结果？如何进行校正？

实验扩展　火焰原子吸收测定条件的选择

1. 空心阴极灯电流对吸光度的影响

移取镁标准溶液(10μg/mL)3.00mL 于 50mL 容量瓶中，加入 1.00mL(1+1)盐酸，用水稀释至刻度，摇匀。

点燃镁空心阴极灯，调节灯电流分别为 1mA、2mA、3mA、4mA，预热 15min 后，测量上述溶液在不同灯电流下的吸光度值。观察灯电流对吸光度的影响，选择合适的灯电流值。

2. 溶液提升率及雾化效率的测定

量取 10mL 蒸馏水进行喷雾测定，同时记录时间，测量单位时间溶液的提升量(mL/min)，并通过单位时间内溶液的提升量与废液排出量之差测定雾化效率，单位是 mL/min。

3. 燃气和助燃气比例的选择

吸取镁标准溶液 2.00mL 于 50mL 容量瓶中，加锶溶液 2.00mL，用水稀释至刻度，摇匀。调好空气压力(0.2MPa)和流量，用去离子水调零，然后固定乙炔压力(0.05MPa)，改变乙炔流量，进行吸光度测定，记录各种压力、流量下的吸光度。在每次改变乙炔流量后，都要用去离子水调节吸光度为零(下面实验均相同)，选择稳定性好而吸光度又较大的乙炔-空气的压力和流量。

4. 燃烧器高度的选择

使用最佳乙炔-空气压力和流量，改变燃烧器的高度，测定镁的吸光度，选择稳定性好而吸光度又较大的燃烧器高度，观测高度分别为 8mm、10mm、12mm、13mm、14mm、15mm、20mm。记录吸光度，并确定最佳高度。

5. 干扰抑制剂锶溶液加入量的选择

分别吸取 6 份 5.00mL 自来水加到 6 个 50mL 容量瓶中，加入 2.00mL(1+1) HCl，分别加入锶溶液 0.00mL、1.00mL、2.00mL、3.00mL、4.00mL、5.00mL，用去离子水稀释至刻度，摇匀；在上述最佳操作条件下，依次测定各吸光度，选择稳定性好且吸光度较大的条件为最佳的锶加入量。

6. 回收率的测定

准确吸取已测得镁量的自来水样5.00mL两份，置于50mL容量瓶中，加入已知量的镁标准溶液（总的镁量能在标准曲线上查出），再加最佳量的锶溶液，稀释至刻度，按以上操作条件，测出其吸光度，并查出镁量。

回收率=（测得总镁量－水样中镁量）/加入镁量×100%

知识链接　TAS-986原子吸收分光光度计火焰法操作规程

正确连接仪器及计算机各连线和插头，确认仪器电源开关处于"关"位，再开启稳压器电源。顺序打开打印机、显示器、计算机电源开关，等待计算机处于"Windows"界面。

装上待测元素空心阴极灯，并记下灯位。打开TAS-986原子吸收分光光度计主机电源开关，双击"AAWin"软件图标→联机"确定"，仪器自动进入自检。

自检完成后，设定和选择工作灯和预热灯→"下一步"→修改或输入正确的灯电流、分光带宽、燃气流量、燃烧器高度和位置→"下一步"→"寻峰"→"下一步"→"完成"。

在任务栏点击"仪器"，选择"燃烧器参数"，调节火焰原子化器的前后、上下及角度位置，使其对准光路。

点击"仪器"，→选择"扣背景方式"→选择"氘灯"或"自吸"扣背景，并输入适当的氘灯电流或窄脉冲电流，在能量窗口再进行调节和能量自动平衡。若不进行背景校正，本步可省去。

点击"参数"按钮→在常规界面输入"测量重复次数"、"采样间隔"及"采样延时参数"；在显示界面输入"吸光度显示范围"及"页面更新时间"→在数据处理界面选择"计算方式"，输入"积分时间"、"滤波系数"→"确定"。

点击"样品"按钮→选择"校正方法"、"曲线方程"、"浓度单位"→"下一步"→选择"标准系列样品个数"，输入"标准系列样品浓度值"→"下一步"→选择"未知样品个数"→"完成"。

顺序打开空压机"风机开关"→"工作开关"，待压力稳定后，检查并调节出口压力为0.25～0.3 MPa（推荐压力0.25 MPa）。

开乙炔瓶总阀，检查并调节出口压力为 0.05～0.09 MPa（推荐压力 0.06 MPa）。点击“点火”按钮点火→吸喷蒸馏水 1～2min→吸喷标准系列空白溶液并击“校零”按钮自动调零。点击“测量”按钮→顺序吸喷标准系列溶液并在测量窗口击“开始”按钮测量标准溶液，作校准曲线。

吸喷未知样品溶液，点击“开始”按钮测量未知样品。全部未知样品测量完毕后击“终止”按钮退出测量→吸喷蒸馏水 1～2min 清洗燃烧器。点击“应用”按钮→选择“实验记录”→输入“测量元素”、“样品名称”、“分析员”、“记录”→“确定”

在测量表格上击右键→选择“表格设置”→选择所需显示和打印的项目→在任务栏击“打印”按钮→选择所需打印的内容→“确定”打印相应内容。

关闭乙炔钢瓶总阀，燃烧耗尽管路中余气，待火焰熄灭后按空压机“放水阀”放水→关闭空压机“工作开关”→1～2min 后关闭“风机开关”。退出 AAWin 操作软件→关闭 TAS-986 原子吸收分光光度计主机电源→关闭打印机、计算机、稳压器电源。整理实验室卫生，检查实验室水、气、电安全。盖好仪器、填写仪器使用记录，老师签字后方可离开实验室。

阅读材料

镁是人体健康的必需物质

镁是人体内的重要物质，与人体健康有着密切关系。据测定，正常成人体内含镁量约 35g，其中 70%以磷酸盐和碳酸盐的形式存在于牙齿和骨骼中；25%的镁与蛋白质结合成复合物，存在于软组织内；血浆中的镁离子浓度为 3.6mg/100mL；人体脑脊液中也有一定量的镁元素。

镁是人体内重要的阳离子，在机体内是磷酸化作用和多种酶系统的活化剂，能够激活三磷酸脲苷酶、胆碱酯酶、磷酸酶、唾液淀粉酶、胰蛋白酶、胰脂酶、肠肽酶等许多种重要的酶。镁对维持人体“内环境”的平衡、维持核糖核酸结构的稳定性、抑制神经系统的兴奋性等方面也都有很重要的作用。镁参与蛋白质的合成，调节肌肉的运动，因为钙离子能激活肌纤凝蛋白 ATP 酶的活性，促进肌肉的收缩，而镁离子与钙离子相拮抗，抑制肌肉的过度收缩。这样，能保持机体各个器官系统的运动兴奋和抑制的相对平衡。由此看来，镁是人体内不可缺少的物质。

1974 年世界卫生组织（WHO）提出的镁供给量是：婴儿每日 40～70mg，儿童每日 250mg，成年人每日 200～300mg。由于在面粉、小米、豆类、干果、绿色蔬菜、肉类等食品中，都含有丰富的镁，所以人们只要保证合理的膳食，就不会缺乏镁元素。

实验十五　原子吸收法测定食品添加剂中的锌

一、学习导航和要求

(1) 熟悉原子吸收分光光度计的基本构造和操作方法；

(2) 掌握火焰法测定微量锌的方法。

二、实验原理

将样品试液吸入空气-乙炔火焰中，在火焰的高温下，锌化合物离解为基态锌原子，基态锌原子蒸气对锌空心阴极灯发射的特征谱线产生吸收。将测得的试样溶液的吸光度扣除试剂空白的吸光度，利用标准曲线法，确定试液中的锌含量。

三、实验必备

TAS-986 型原子吸收分光光度计，乙炔钢瓶，空气压缩机，锌空心阴极灯。

锌标准溶液：1.00 mg/mL。

四、动手实践

锌标准系列溶液的配制：准确移取 0.10mL、0.20mL、0.30mL、0.40mL 和 0.50mL 锌标准溶液分别置于 5 个 50mL 容量瓶中，用蒸馏水稀释至刻度，摇匀。

样品溶液的配制：在分析天平上准确称取味精或多元素食盐 4.5～5.0g 两份，加水 20mL 溶解后，转入 50mL 容量瓶中，以水定容，摇匀。

按下列条件调节好仪器：波长 213.8nm，通带 0.2nm，灯电流 2.5mA，燃烧器高度 6mm，乙炔流量 2.0mL/min，空气流量 7.0mL/min。

根据仪器操作步骤按由低浓度到高浓度的顺序测定标样溶液和样品溶液的吸光度。以锌标准溶液的吸光度为纵坐标，相应的浓度为横坐标，输入有关数据，仪器自动绘制吸光度-浓度标准曲线。从标准曲线上查出 c_x 值，乘以稀释倍数后即得味精或多元素食盐中锌的含量。

五、温馨提示

试样的吸光度应在标准曲线的中部。否则，可调节取样的体积。

六、开动脑筋

(1) 原子吸收光谱法为什么要用空心阴极灯？

(2) 简述原子吸收光谱仪的组成，各部分的作用。

知识链接　TAS-986原子吸收分光光度计石墨炉法操作规程

(1) 正确连接仪器及计算机各连线和插头，确认仪器电源开关处于“关”位，再开启稳压器电源。

(2) 顺序打开打印机、显示器、计算机电源开关，等待计算机处于“Windows”界面。

(3) 装上待测元素空心阴极灯，并记下灯位。打开TAS-986原子吸收分光光度计主机电源开关，双击“AAWin”软件图标→联机“确定”，仪器自动进入自检。

(4) 自检完成后，设定和选择工作灯和预热灯→“下一步”→修改或输入正确的灯电流、分光带宽、燃烧器高度和位置→“下一步”→“寻峰”→“下一步”“完成”。

(5) 在任务栏点击“仪器”，选择“测量方法”→“石墨炉”→“确定”，石墨炉自动切换到位→“仪器”→“原子化器位置”→调节石墨炉原子化器的前后、上下及角度位置，使其对准光路。

(6) 点击“仪器”，→选择“扣背景方式”→选择“氘灯”或“自吸”扣背景，并输入适当的氘灯电流或窄脉冲电流，在能量窗口再进行调节和能量自动平衡。若不进行背景校正，本步可省去。

(7) 打开氩气钢瓶总阀，调节出口压力至0.4MPa→打开冷却水阀门，调至适当流量→打开石墨炉电源的电源开关→若需更换石墨管，点击“石墨管”按钮打开石墨炉，换上新石墨管，击“确定”按钮关闭石墨炉。

(8) 点击“加热”按钮，输入或修改石墨炉加热程序→“确定”→若为新石墨管，应击“空烧”按钮空烧石墨管3～4次。

(9) 点击“参数”按钮→在常规界面输入“测量重复次数”；在显示界面输入“吸光度显示范围”；在数据处理界面的“计算方式”选择“峰高”或“峰面积”，输入“积分时间”、“滤波系数”→“确定”。

(10) 点击“样品”按钮→选择“校正方法”、“曲线方程”、“浓度单位”→“下一步”→选择“标准系列样品个数”，输入“标准系列样品浓度值”→“下一步”→选择“未知样品个数”→“完成”。

(11) 点击“校零”按钮自动调零→“测量”→用微量移液枪吸取适当体积空白样品加入至石墨管中→“开始”按钮测量空白样品→用微量移液枪顺序吸取适当体积标准系列溶液并在测量窗口点击“开始”按钮分别测量标准溶液，作校准曲线。

(12) 用微量移液枪吸取同样体积未知样品溶液，点击“开始”按钮分别测量未知样品。全部未知样品测量完毕后击“终止”按钮退出测量。

(13) 点击"应用"按钮→选择"实验记录"→输入"测量元素"、"样品名称"、"分析员"、"记录"→"确定"。

(14) 在测量表格上点击右键→选择"表格设置"→选择所需显示和打印的项目→在任务栏点击"打印"按钮→选择所需打印的内容→点击"确定"打印相应内容。

(15) 关闭冷却水阀门、氩气钢瓶总阀→关闭石墨炉电源的电源开关。

(16) 退出 AAWin 操作软件→关闭 TAS-986 原子吸收分光光度计主机电源→关闭打印机、计算机、稳压器电源。整理实验室卫生、检查实验室水、气、电安全。

阅读材料 儿童缺锌，发育不良

锌是酶的重要成分之一，它直接影响到身体内核酸及蛋白质的合成。儿童和少年生长发育旺盛，对锌特别敏感。如果儿童缺锌，就会引起生长发育停滞，骨骼发育障碍，身体长不高，生殖器官发育不良，第二性征不出现，女性则月经闭止或不来潮，智力发育差，甚至导致侏儒症(矮小病)。由此可见，锌对人体生长发育的重要性。儿童每天需3～5mg锌，对饮食正常的儿童来说，这个量能从每天食物中得到满足，但有些缺锌地区，食物中含锌量偏低，吃过分精制的食品也会造成缺锌。因此，如果发现儿童食欲不振、味觉减退、腹泻、身高和体重增加缓慢、毛发稀少而萎黄、皮肤炎症久治不愈等，都应该检查发锌与血清锌是否正常。猪肉、牛肉及蛋黄等食物含锌量比较丰富，缺锌儿童可以多吃这类食物以补锌的不足。

婴幼儿血清锌含量随年龄不同，有一定变化，新生儿约等于成年人含量(平均为 100mL 血清中含锌 83μg)，生后第六天低于成年人，2～3 个月时比成年人显著减少，4 个月后血清锌逐渐增多，在 1 岁前可恢复到成年人水平，至 12～13 个月时血清锌再次减少，至 2 岁时又逐渐回升到成年人含量。婴儿及儿童的其他发育阶段，血清锌含量大约维持在成年人水平。仔细研究发现，婴儿时期血清含锌总量的波动，主要由大分子结合锌的变化引起。

血清锌的含量与营养状态及地理环境密切相关，贫穷乡村儿童的血清锌明显降低，城市和乡村儿童的血清锌含量有一定差别。城市儿童，男性平均每 100mL 血清中含锌 94μg，女性平均每 100mL 血清中含锌 78μg；乡村儿童，男性平均每 100mL 血清中含锌 85μg，女性平均每 100mL 血清中含锌 72μg。食物含锌量低，血清中的锌含量也偏低。

正常人体各器官和组织内均含有一定量的锌，以视网膜、脉络膜及前列腺组织含锌量最高。研究证明，在人类血清内铜和锌含量有一定的比值。铜与锌的比值，正常人为 0.82 或 1.06。测定血清中铜与锌比值能帮助医生诊断疾病，观察恶性肿瘤的活动和复发等。例如，研究证明，患恶性淋巴瘤时血清中的铜含量增多，血清中铜与锌比值增大。当病情稳定时，血清中铜与锌的比值降低；疾病活动时期，比值升高。因此，可以根据铜锌比值的变化情况，观察疾病的活动和复发。

实验十六　电导滴定法测定 HCl-HAc 混合液中 HCl 和 HAc 的浓度

一、学习导航和要求

(1) 熟悉用电导滴定法测定混酸中 HCl 和 HAc 浓度的基本方法；

(2) 熟悉电导率仪的操作技术。

二、实验原理

由于 H^+ 的迁移率（淌度）远远大于 Na^+，OH^- 的淌度远远大于 Cl^- 和 Ac^-，因此，随着滴定剂的加入，混合液的电导率不断发生变化。以滴定剂 NaOH 消耗的体积为横坐标，以测得的电导率值为纵坐标作图，即可得到图 3－8 所示的滴定曲线。用“三线法”确定终点，按下式计算浓度。

$$c(\mathrm{HCl})=\frac{c(\mathrm{NaOH})\cdot V_{\mathrm{a}}}{V_{混酸}}$$

$$c(\mathrm{HAc})=\frac{c(\mathrm{NaOH})\cdot(V_{\mathrm{b}}-V_{\mathrm{a}})}{V_{混酸}}$$

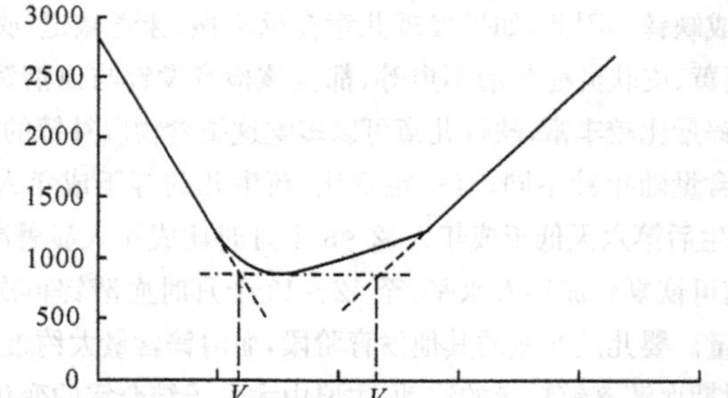

图 3－8　“三线法”确定终点示意图

三、实验必备

电导率仪，碱式滴定管，移液管，小烧杯，洗瓶。

0.1000mol/L NaOH 标准溶液，0.01mol/L(HCl＋HAc)混合液。

四、动手实践

预热并校准好电导率仪（参阅实验三十四“电导率仪的使用和水溶液电导率的测定”）。用移液管移取 25.00mL 混酸于小烧杯中，轻轻摇匀后，将电导电极浸入溶液中，测定此时的电导率值，记录。然后，每滴入 0.30mL NaOH 标准溶液，充分混合后测定一次电导率值，测定 20～30 个点(必要时可进行两次平行测定)。以加入的 NaOH 体积为横坐标，以相应的电导率 κ 值为纵坐标用计算机作图，按“三线法”确定终点并进行有关计算。

五、开动脑筋

(1) 滴定曲线为什么要至少作 20～30 个点左右？

(2) 进行平行测定后，如何作图和计算？

(3) 电导滴定法应用的前提是什么？

六、自行设计实验报告格式

实验十七 电位滴定法测定 HAc 的浓度、离解常数 K_{HAc} 和电离度 α

一、学习导航和要求

(1) 熟悉离子分析仪或酸度计测定 pH 的基本操作；

(2) 掌握 HAc(乙酸)浓度、K_{HAc} 和 α 的电位滴定方法；

(3) 熟悉用“三线法”确定化学计量点及有关计算。

二、实验原理

HAc 在水溶液中存在下列平衡：

$$HAc \rightleftharpoons Ac^- + H^+ \qquad K_{HAc}=\frac{[H^+][Ac^-]}{[HAc]}$$

当 HAc 被 KOH 标准溶液滴定一半时，溶液中 $[Ac^-]=[HAc]$，此时，$pK_{HAc}=pH$。所以，只要将滴定过程中消耗 KOH 的 V(毫升)对相应的 pH 作图，即可以求出 $V_{理}$，由 $V_{理}$ 和 KOH 标准溶液的浓度计算乙酸的分析浓度 $c(HAc)$。然后，求出 $V_{理}/2$ 所对应的 pH 即 pK_{HAc}，从而求得 K_{HAc}。

又因为 $[HAc]=c-[H^+]$，$[H^+]=[Ac^-]$，所以

$$K_{HAc}=\frac{[H^+][Ac^-]}{[HAc]}=\frac{[H^+]^2}{c-[H^+]}=\frac{(c\alpha)^2}{c-c\alpha}=\frac{c\alpha^2}{1-\alpha}$$

由于 HAc 的电离度 $\alpha \ll 1$，则上式可以表示为

$$K_{HAc}=c\alpha^2 \qquad \alpha=(K_{HAc}/c)^{1/2}$$

三、实验必备

PXSJ-216 型离子分析仪，碱式滴定管，小烧杯，蒸馏水瓶，移液管；0.1000mol/L KOH 标准溶液，pH=4.003、pH=9.18 标准缓冲溶液，0.050 mol/L HAc 试液等。

四、动手实践

接通仪器电源，按下“ON/OFF”键，预热15min，安装好电极对及温度传感器，按下“pH/8”键，进入pH测量状态，按“校准/5”键，将洗干净并处理好的电极对放入pH=4.003的标准缓冲液中，轻轻摇动均匀，待溶液静止数显值基本稳定后，按“确认”键，仪器即完成一点校准，屏幕显示电极的理论斜率值为59.159，并提示是否进行二点校准。此时，按“确认”键，进入二点校准操作。将电极对清洗、处理干净后，放入pH=9.18的标准缓冲溶液中，轻轻摇动溶液，静止，待屏幕显示值稳定后，按“确认”键，屏幕显示所用电极的实际斜率值，再按“确认”键，仪器完成斜率校准，并进入测量状态。

用吸量管准确吸取HAc试液20.00mL于小烧杯中，将洗净并处理好的电极对浸入，轻轻摇匀试液，静止，待屏幕显示稳定后记录相应的pH。然后从碱式滴定管滴加1.00mL左右KOH标准溶液，轻轻摇匀试液，静止，待屏幕显示稳定后，记录pH。依次进行滴定，并逐步减少滴加的KOH体积，当滴定至试液的pH≥6时，每滴加0.20mL测定一次，理论终点前后（pH=7.4～10.0），每滴加1滴或半滴标准溶液即可测定一次pH，到终点后可再加大KOH滴入的体积。以加入KOH标准溶液的体积为横坐标，以相应的pH为纵坐标用计算机绘制滴定曲线，并用“三线法”确定滴定终点所消耗的KOH体积$V_{理}$，同时确定$V_{理}/2$对应的pH，此值即为pK_{HAc}（图3-9），由此确定K_{HAc}并与有关参考书的K_{HAc}值比较。

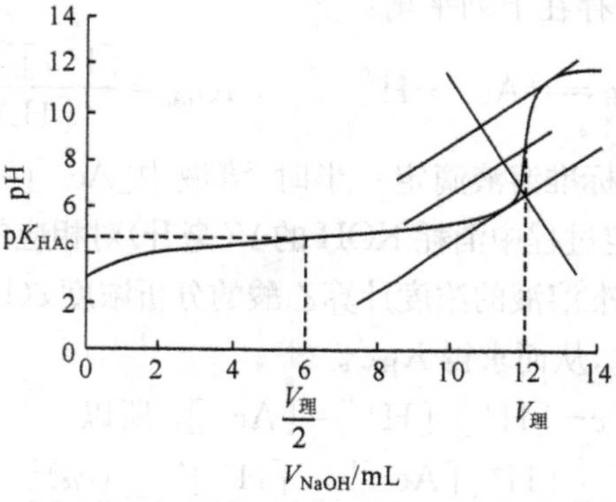

图3-9　KOH滴定HAc的滴定曲线

五、结果计算

按下式进行有关计算：

$$c(\mathrm{HAc})=\frac{c(\mathrm{KOH})\cdot V_{理}}{20.00}\qquad \alpha=[K_{\mathrm{HAc}}/c(\mathrm{HAc})]^{1/2}$$

实验报告自己设计，看谁设计得既合理又有特色。

六、开动脑筋

(1) 每次滴定，为什么要轻轻摇动试液？

(2) 为什么不用价格较便宜的 NaOH 标准溶液，而用价格较贵的 KOH 配制标准溶液？

(3) 仪器校准时，为什么要采用二点法校准？

(4) 滴定超过终点，如滴定至溶液的 pH≥12 时，是否会影响终点的确定和计算？

(5) 滴定终点的确定还有哪些具体方法？

(6) 如何测定和计算电极的转换系数？

实验十八　超声波浸提-浓度直读法快速测定食用菌中的微量氟（创新型实验）

一、学习导航和要求

(1) 熟悉浓度直读式离子分析仪测定溶液浓度的方法，以及离子分析仪、超声波提取样品的操作技术；

(2) 掌握离子分析仪浓度直读法快速测定食用菌中微量氟的新方法。

二、实验原理

食品中的微量氟是绿色食品质量检测的必测指标之一。氟离子选择性电极的电位 φ_{F^-} 在一定条件下与试液中氟离子活度 α_{F^-} 的负对数（$-\lg\alpha_{F^-}$）有线性关系。用适当的 NaF 标准溶液，在 pH 为 5.30 的 TISAB 液中校准仪器，选用浓度直读功能，直接读出待测液中的氟离子浓度，然后计算出样品中氟的含量。本法无需作图和进行复杂计算，省时省力，方便快速，工作效率大大提高。

三、实验必备

PXSJ-216 型离子分析仪，SKF-12 型超声波清洗器，电子天平等；平菇、香菇、鸡腿菇、白灵菇、杏鲍菇、草菇等样品。

氟标准储备液：准确称取经 120℃ 烘干 2h、于干燥器中冷至室温的 NaF（G. R.）0.1105g 溶于无氟水中，移入 500mL 容量瓶用水定容至刻度，混匀，存于聚乙烯瓶中，置于冰箱中保存。此溶液含 F^- 为 100.00mg/L，用时再逐级稀释为 1.00mg/L的氟标准使用液。

总离子强度缓冲调节剂（TISAB）：量取 700mL 水于 1L 烧杯中，依次加入 57.00mL 冰醋酸，58.00g NaCl 和 12.00g 柠檬酸钠，搅拌至溶解，加水 200mL，并用 5.0mol/L NaOH 溶液调节 pH5.30，存于聚乙烯瓶中备用。

5.0mol/L NaOH 溶液，1.0mol/L HCl 溶液等。

所用水为去离子水经石英亚沸蒸馏器重蒸两次的高纯水，所用试剂均为G.R.或A.R.。

四、动手实践

氟离子标定液的配制：用吸量管取 1.00mg/L 氟标准使用液 0.50mL 于 50mL 无氟塑料烧杯中，加入 25.00mL TISAB 溶液，5.00mL 1.0mol/L HCl 溶液，19.50mL 水，混匀，此为 A 标定液。

取 1.00mg/L 氟标准使用液 5.00mL 于 50mL 无氟塑料烧杯中，加入25.00mL TISAB，5.00mL 1.0mol/L HCl 溶液，15.00mL 水，混匀，此为 B 标定液。

取 25.00mL TISAB 溶液于无氟塑料烧杯中，加入 5.00mL 1.0mol/L HCl 溶液，20.00mL 水，混匀，此为空白溶液。

按说明书安装电极并按"ON/OFF"键，事先预热仪器 15min。按"模式/4"键，选择"直读浓度"模式，按"确认"键，选择浓度单位"μg/L"，按两次"确认"键，选择"二点校准"并按"确认"，输入 $c_1=10.00\mu g/L$，按"确认"。将温度传感器和电极对插入 A 标定液中，轻轻摇匀，静止，等数显稳定后，按"确认"键，将清洗、处理好的电极对插入 B 标定液中，再输入 $c_2=100.00\mu g/L$，等屏幕显示稳定后，按"确认"键，屏幕显示校准好的电极斜率。按"确认"键，进入测定状态。按"确认"键，进行"空白浓度"校准，将清洗好的电极对插入空白溶液中，待显示稳定后，按"确认"，储存"空白值"，至此，仪器标定结束。

用不锈钢医用剪刀将样品剪至黄豆粒大小，用"四分法"分取样品，用无氟塑料烧杯在电子天平上快速称取样品 5g(称准至 0.0001g)，用研锤研至浆状，移入 50mL比色管中，用 10mL 水分数次冲洗烧杯及钵锤，冲洗液移入比色管中，加 5.00mL 1.0mol/L HCl 溶液，加盖后置于超声波清洗器中超声 3.0min，加入 25.00mL TISAB 溶液，用无氟水稀释至刻度，混匀。

将超声后的样品溶液倒入原无氟塑料烧杯中插入温度传感器和电极对，摇匀 2min左右，待仪器读数稳定后，按"确认"键，直接读取氟离子的浓度值 c(μg/L)，按下式计算样品中氟的含量(μg/g)：

$$x_{湿基}=\frac{50.00\times c}{1000\times m}$$

式中，m 为称取样品的质量(g)。

五、温馨提示

(1) 氟选择性电极每次使用后，应认真清洗干净。

(2) 注意使用温度传感器，消除温度对测定的影响。

(3) 本实验为作者创新型研究成果，发表于《中国食用菌》(核心期刊)(2005，4:36～37,35)。

(4) PXSJ-216型离子分析仪的安装及使用请参阅实验三十五。

六、开动脑筋

(1) TISAB溶液的组成是什么？测定样品中的微量氟时，为什么要加入TISAB溶液？

(2) 如果要计算样品干基中氟的含量，应当怎样计算？

(3) 为什么实验中所用的水总强调为无氟水或高纯水？

七、分析结果及实验报告由自己设计

实验扩展　工作曲线法测定水中的氟含量

1. 实验必备

氟离子选择电极(使用前应在去离子中浸泡1～2h)、pH计、电磁搅拌器等。

(1) 总离子强度调节缓冲溶液(TISAB)，同上。

(2) 0.100mol/L NaF标准溶液：称取2.1000g NaF(已在120℃烘干2h以上)，放入500mL烧杯中，加入100mL TISAB溶液和300mL去离子水溶解后转移至500mL容量瓶中，用去离子水稀释至刻度，转移至聚乙烯瓶中。

(3) 70%～72%高氯酸。

2. 动手实践

开机通电预热30min。①按下"mV"挡；②将清洗过的电极插入溶液内并开动电磁搅拌器，仪器即指示电池电动势。

用聚乙烯瓶采集水样，用水蒸气蒸馏法预处理环境水样，水中氟化物在含高氯酸(或硫酸)的溶液中，通入水蒸气则以氟硅酸或氢氟酸形式被蒸出。取50mL水样(氟浓度高于2.5mg/L时，可分取少量样品用水稀释到50mL)于蒸馏瓶中加10mL高氯酸(70%～72%)加热，待蒸馏瓶内溶液温度升到约130℃开始通入蒸气并维持温度在130～140℃，蒸馏速度为5～6mL/min。待接收瓶中馏出液体积约200mL时，停止蒸馏并用水稀释至200mL，待测。

(1) 标准溶液系列的配制。取 5 个 50mL 容量瓶，加入 10mL TISAB 溶液。用移液管吸取 5.00mL 0.100mol/L NaF 标准溶液放入第一个容量瓶中，加去离子水至刻度，此为 1.00×10^{-2}mol/L F^-溶液。依次逐级稀释配制成 1.00×10^{-3}～1.00×10^{-6}mol/L F^-溶液。

(2) 工作曲线的测绘。上述标准溶液分别倒入干燥的 50mL 烧杯中，并插入洗净的 F^- 电极和 SCE，在电磁搅拌机上搅拌 3～4min，读下 mV 值，测量的顺序由稀到浓.这样在转换溶液时电极不必清洗，仅用滤纸吸去附着的溶液即可。以测得的电位值(mV)为纵坐标，以 pc_{F^-}(或 c_{F^-})为横坐标，在半对数坐标纸(或坐标纸)上做出工作曲线。根据水样测得的电位值，从工作曲线上查出经预处理水样的 c_{F^-} 值并换算成未经预处理原水样的 c_{F^-}，以 mg/L 表示。

从标准曲线上求实际斜率和线性范围。

3. 温馨提示

(1) 在测定一系列标准溶液后，应将电极清洗至原空白电位后再测定未知试液的电位值。

(2) 测定过程中搅拌溶液的速度应恒定。

(3) F^-电极在使用前应在纯水中充分浸泡；新电极可浸泡 1～2 天使其在纯水中的电位值(VS SCE)在＋340mV 以上，若小于此值，可更换去离子水几次，直至电位在＋340mV 以上，若无法达到此值，有可能是电极漏水或单晶片表面沾污，必须重装或进行相应清洗。

(4) 电极内装电解质溶液，为防止晶片内侧附着气泡而使电路不通，在第一次使用前或测量后，可让晶片朝下，轻击电极杆，以除去晶片上的气泡。

(5) 更换水样溶液之前，电极必须用蒸馏水清洗。

4. 开动脑筋

(1) 为什么测定时试液要按由稀到浓的顺序?

(2) 从工作曲线上可以得到哪些离子选择电极的特征参数?

(3) 写出离子选择电极的电极电位完整表达式。

(4) 用氟电极测得的是 F^- 的浓度还是活度? 如果要测量 F^- 浓度，应该如何测定?

(5) 如何测定氟选择性电极的转换系数?

阅读材料　**氟对动植物的危害**

氟对人体有利也有弊。饮用水和食物中含氟量太低，会使儿童患龋齿；含量太高，则会使人患氟斑牙，甚至患氟骨症。目前，国家规定饮用水的容许氟浓度为 0.5～1.0mg/L，如果环境受到氟污染，过多的氟通过呼吸道或消化道侵入人体就会危害健康。因此，了解氟污染的来源和严重性，唤起人们共同关心和消除氟污染，才能保障身体健康。

许多工厂在生产过程中将含氟的粉尘和氟化氢气体散发到空气中，从而污染大气。由于氟具有较高的生物活性，对许多生物具有明显毒性，能直接危害动植物。由于水生生物和陆生植物都能富集环境中的氟，即使污染程度不高，家畜也可能通过食物链而受到危害。

铝厂、磷肥厂、砖瓦厂附近村庄的牲畜经常发生氟中毒事件，特别是耕牛，对氟极为敏感。牛长期食用被氟化物污染的青草和饮用氟污染的水后，氟就在牛的体内蓄积，引起中毒，主要表现为牙齿畸形及骨骼损害。患病的牛表现为足痛，关节肿胀，牛蹄变形（剪刀蹄），蹄尖无法触地，跛足，跪在地上吃草等；然后四肢逐渐僵硬，体重减轻，重至瘫痪，直至死亡。

氟对植物的危害比其他常见污染物严重得多，氟化氢进入植物叶片后，在进入的位置不会造成损害，而是转移到叶片的先端和边缘，积累到足够的浓度时，便使叶片细胞的质壁分离而造成植株死亡。因此，氟化氢在植物叶片上所引起的伤斑开始多集中在叶片的先端和边缘，成环带状分布，然后逐渐向内发展，受害严重时就会使整个叶片枯焦脱落，使大量农作物减产甚至死亡。

实验十九　库仑滴定法测定样品中的砷

一、学习导航和要求

(1) 熟悉和掌握库仑法测定砷的基本原理和计算方法；

(2) 熟悉库仑仪的使用方法和有关操作技术。

二、实验原理

库仑滴定法是由电解产生的滴定剂来滴定被测物质的一种电化学分析方法。本实验是以电解产生的碘（I_2）来测定砷的含量。为使电流效率达到 100%，电解液的 pH 应小于 9，但是要使三价砷完全被氧化到五价砷，pH 应大于 7。因此，用 $NaHCO_3$ 控制电解液的酸度。在此条件下，工作电极上发生的反应为

阳极：　$3I^- - 2e \longrightarrow I_3^-$

阴极：　　$2H_2O + 2e \longrightarrow H_2\uparrow + 2OH^-$

电解产生的 I_3^- 能定量、迅速地把三价砷完全氧化成五价砷，反应如下：

$$H_3AsO_3 + I_3^- + H_2O = H_3AsO_4 + 3I^- + 2H^+$$

若电极反应的电流效率为 100%，根据电解过程所消耗的电量 Q，即可求出电解液中砷的质量 m：

$$m = \frac{Q}{96\,485\mathrm{C/mol}} \times \frac{\mathrm{As}}{2} = \frac{Q}{96\,485} \times \frac{74.92}{2}$$

式中，As 为砷的相对原子质量。

进而可根据取样量，计算样品中砷的含量。

滴定终点用双铂电极安培法来指示，在指示电极的双铂片上加一个较低的恒电压(如 50mV)，终点前，由于溶液中没有过量的碘存在，阴极处于理想状态，通过的电流很小。终点后，溶液中有过量的碘，则指示电极上便发生下列反应：

阳极：　　$3I^- \longrightarrow I_3^- + 2e$

阴极：　　$I_3^- + 2e \longrightarrow 3I^-$

这时，指示电极的电流便明显增大，指示终点到达。

三、实验必备

KLT-1 型通用库仑仪，烘箱，电子天平，台秤，量筒，移液管等；$NaHCO_3$（A. R.）、KI(A. R.)、Na_3AsO_3 等。

三价砷待测液：用电子天平称取 0.24g(称准至 0.0001g)在 105℃烘箱干燥 2h 并冷却至室温的 Na_3AsO_3 试剂，置于 100mL 烧杯中，用去离子水溶解后，转入 250mL 容量瓶中定容，摇匀。此溶液约含 0.50g/L As_2O_3，再用去离子水稀释至 0.050g/L 作为待测液。

四、动手实践

(1) 按照说明书做好 KLT-1 型通用库仑仪的调节与准备：① 接好指示电极与电解电极；② 将量程选择置于 10mA 处，开启电源，预热 20min。

(2) 测量：用台秤称取 5.4g KI 固体和 0.1g $NaHCO_3$，置于电解杯中，用量筒加入 60mL 去离子水，充分搅拌溶解后，用小滴管吸取此电解液注入铂丝阴极，至注入口下方为止。

准确取 10.00mL 三价砷待测液于电解杯中，将电极浸入电解液中，继续在搅拌器上搅拌。

终点指示方式分别按下“电流”和“上升”键。将极化电位钟预先调节到 0.4 的位置。按下“启动”键，按住极化电位无锁琴键，调节极化电位到所需的极化电位

(一般为 250mV),松开极化电位无锁琴键,待表头指针(或数显)稳定后,将“工作/停止”开关置“工作”处。

按一下电解按钮,灯灭,电解开始。电解至终点时,红灯即亮,仪器所显示的读数即为电解过程所消耗的总电量 Q。平行测定三次,分别计算待测砷液的浓度(mg/L),求其平均值报告。其他事项可参阅说明书进行相关的操作。

五、开动脑筋

(1) 电解液中为什么要加入 KI 和 $NaHCO_3$?
(2) 所用的 KI 如果被空气中的 O_2 所氧化,将对测定结果产生什么影响?
(3) 电解过程中,阴极上析出的 OH^- 对电解液的 pH 是否有影响?
(4) 如果向电解液中加入适量的淀粉指示剂,终点时将有何种现象发生?

六、数据及实验报告自己列表处理

要求计算样品中砷的含量和测定的精密度 RSD(%)。

知识链接　**KLT-1 型通用库仑仪简介及操作步骤**

KLT-1 型通用库仑仪是一种适合科研及教学的国产库仑计。该仪器属非专用仪器,具有 4 种终点检测方式,即指示电极电流法、指示电极电位电流法、化学计量点上升法和化学计量点下降法。

图 3-10 是 KLT-1 型通用库仑仪的面板图,其操作步骤如下:

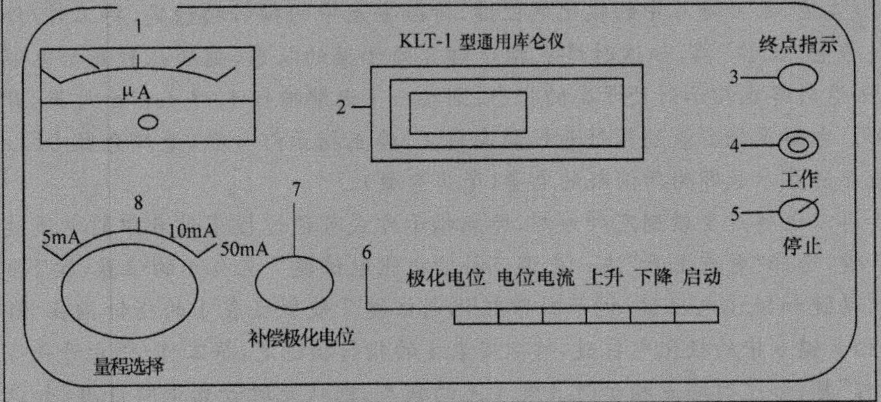

仪器前面板图

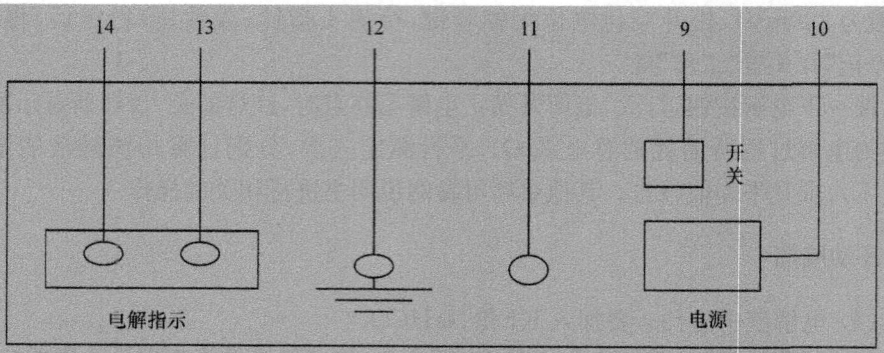

仪器后面板图

图 3－10　KLT－1 型通用库仑仪面板简图

1. 50μA 表；2. 4 位毫库仑数 LED 显示窗；3. 电解终点指示灯；4. 电解按钮；
5. 工作/停止开关；6. 琴键开关；7.“补偿极化电位”电位器；8.“量程选择”波段开并关；
9. 电源开关；10. 电源插座；11. 电流微调；12. 大地接地端；13. 指示电极插孔；14. 电解电极插孔

(1) 开启电源前，将所有按键全部释放，工作/停止开关 5 置“停止”位置。电解电流量程选择开关 8 根据待测组分的含量和试样量的多少以及分析精度选择合适的挡，电流微调旋钮 11 放在最大位置，一般情况下选 10mA 挡。

(2) 开启电源开关 9，预热 10min，根据试样分析需要及采用的滴定剂，按键 6 选用指示电极电位法或指示电极电流法，把指示电极和电解电极插入机后相应插孔 13、14 内，并夹在相应电极夹上。把盛有电解液的电解杯放在搅拌器上，开启搅拌器，选择适当转速。

(3) 以电解产生 Fe^{2+} 测定 Cr^{6+} 为例，终点指示方式可通过按下键 6 中的电位键和下降键，选择“电位下降”法。先调节补偿极化电位键 7 在“3”的位置，按下键 6 中的启动键和极化电位键，调节补偿极化电位键 7 使微安表 1 的指针指在 40 左右，松开键 6 中的极化电位键，待微安表中的指针稍稳定，将工作/停止开关 5 置“工作”挡，如这时终点指示灯 3 处于灭的状态，则从此时开始电解计数；如这时终点指示灯处于亮的状态，则按一下电解按钮 4，终点指示灯灭，开始电解。电解至微安表的指针开始向左突变，终点指示灯 3 亮，毫库仑数 LED 显示窗 2 的显示数即为所消耗的电量(毫库仑数)。

再以电解产生碘测定砷为例，终点指示方式可通过按下键 6 中的电流键和上升键，选择“电流上升”法。先调节补偿极化电位键 7 在 0.4 的位置，按下键 6 中启动键和极化电位键，调节补偿极化电位键 7 使微安表 1 的指针指在 20 左右，松开键 6 中的极化电位键，待微安表 1 的指针稍稳定，将工作/停止开关 5 至“工作”挡，如这时终点指示灯 3 处于灭的状态，则从此时开始电解计数；如这时终点指示灯 3 处于亮的状态，则按一下电解按钮 4，终点指示灯 3 灭，开始电解。

电解至微安表1的指针开始向右突变，终点指示灯3亮，毫库仑数LED显示窗2的显示数即为所消耗的电量(毫库仑数)。

在图3-10中：

(1) 50μA表。滴定终点变化显示及极化电压显示。当撤下电位或电流挡时，可观察滴定终点变化。同时，在电流法指示终点时按住“极化电位”无锁琴键，表头指示的是加在指示电极两端的极化电位大小，满表在500mV。

(2) 4位毫库仑数LED显示窗。

(3) 电解终点指示灯。停止电解时灯亮，电解时灯灭(工作、停止开关在“工作位置”)。

(4) 电解按钮。当指示灯亮时表示电解停止，再电解时必须按一下电解按钮，才能重新开始电解。

(5) 工作/停止开关。当指示灯灭且在电解时，此开关须置“工作”位置。在“停止”挡时仍不电解，实际为“电解”的双重控制。

(6) 琴键开关。“极化电极”琴键：在采用电流法指示终点时，要知道加在指示电极两端的极化电压时，可在电解之前按下该琴键，表头指示即为极化电压大小。“电位、电流”琴键：为配合指示电极采用的方式选用，指示电极电位法或指示电极电流法分别与电位或电流琴键配合。“上升、下降”琴键：配合滴定终点是上升还是下降。“启动”琴键：琴键释放时指示信号输入端自动短路起到保护作用，计数器不工作，并自动清零，琴键按下后指示回路接通，计数器工作。

(7) “补偿极化电位”钟表电位器。当工作选择琴键选择电位时，该电位器补偿指示电极电位，使补偿电位和指示电位之和经放大器放大后，不超过放大器的饱和电位。当工作选择琴键选择电流时，该电位补偿为加在指示电极两端的极化电压，长针转一圈约300mV。

(8) “量程选择”波段开关。选择电解电流大小，共分50mA、10mA、5mA三挡。50mA挡时，电量为仪器读数乘5(毫库仑)，10mA、5mA挡时电量读数即为毫库仑数。

(9) 电源开关。

(10) 电源插座。内含保险丝管0.5A，通过插头与交流220V电源相连，三芯中顶端为地端。仪器使用时接地端必须有效接地。

(11) 电流微调。与量程配合使用，可作电流大小微调用。

(12) 大地接地端。若电源没有地线或接地不良，地线可接此端。

(13) 指示电极插孔。通过插头与电解电极相连，周边为指示电极正极(配插头红线)，中心为指示电极负极(配插头白线)。

（14）电解电极插孔。通过插头与电解电极相连，周边为电解阳极（配插头红线），中心为电解阴极（配插头黑线）。

库仑池极容易损坏，最好使用改新后的装置（国家实用新型专利：专利号ZL200620135243.7，发明人：高向阳）。

实验二十　气相色谱法测定食用酒中乙醇含量

一、学习导航和要求

（1）了解气相色谱法的分离原理和特点；

（2）熟悉气相色谱仪的基本构造和一般使用方法；

（3）掌握内标法进行样品含量分析的方法。

二、实验原理

气相色谱法是一种高效、快速而灵敏的分离分析技术。当样品溶液由进样口注入后立即被汽化，并被载气带入色谱柱，经过多次分配而得以分离的各个组分逐一流出色谱柱进入检测器，检测器把各组分的浓度信号转变成电信号后由记录仪或工作站软件记录下来，得到相应信号大小随时间变化的曲线即色谱图。利用色谱峰的保留值可以进行定性分析，利用峰面积或峰高可以进行定量分析。

内标法是一种常用的色谱定量分析方法。在一定量(m)的样品中加入一定量(m_{is})的内标物，根据待测组分和内标物的峰面积及内标物的质量计算待测组分质量(m_i)的方法。被测组分的质量分数可用下式计算：

$$p_i = \frac{m_i}{m} \times 100\% = \frac{A_i f_i}{A_{is}} \times \frac{m_{is}}{m} \times 100\%$$

式中，A_i 为样品溶液中待测组分的峰面积；A_{is} 为样品溶液中内标物的峰面积；m_{is} 为样品溶液中内标物的质量；m 为样品的质量；f_i 为待测组分 i 相对于内标物的相对定量校正因子，由标准溶液计算：

$$f_i = \frac{f_i'}{f_{is}} = \frac{m_i'}{A_i'} \cdot \frac{A_{is}'}{m_{is}'} = \frac{m_i' A_{is}'}{m_{is}' A_i'}$$

式中，A_i' 为标准溶液中待测组分 i 的峰面积；A_{is}' 为标准溶液中内标物的峰面积；m_{is}' 为标准溶液中内标物的质量；m_i' 为标准溶液中标准物质的质量。

用内标法进行定量分析，必须选定内标物。内标物必须满足以下条件：

① 应是样品中不存在的、稳定易得的纯物质；② 内标峰应在各待测组分之间或与之相近；③ 能与样品互溶但无化学反应；④ 内标物浓度应恰当，峰面积与待测组分相差不大。

三、实验必备

气相色谱仪带有氢火焰检测器(FID)和色谱工作站，微量注射器，无水乙醇(A. R.)，无水正丙醇，食用酒。

四、动手实践

色谱操作条件：柱温，140℃；汽化室温度，160℃；检测器温度，140℃；N_2(载气)流速，40mL/min；H_2 流速，35mL/min；空气流速，400mL/min。

标准系列溶液的配制：准确移取 0.50mL 无水乙醇和 0.50mL 正丙醇于 10mL 容量瓶中，用丙酮定容，摇匀。

样品溶液的配制：准确移取 1.00mL 食用酒样品和 0.50mL 无水正丙醇于 10mL 容量瓶中，用丙酮定容，摇匀。

待仪器基线稳定后，注入 0.5μL 标准溶液至色谱仪内，记录标样色谱图，重复两次。注入 0.5μL 样品溶液至色谱仪内，记录样品色谱图，重复两次。

确定样品色谱图中乙醇和正丙醇峰的位置。由标样色谱图计算以正丙醇为内标物的相对定量校正因子 f_i，计算样品含量。

五、温馨提示

(1) 旋动气相色谱仪的旋钮或阀时要缓慢。

(2) 色谱峰过大或过小时，应利用“衰减”旋钮进行调整。

(3) 点燃氢火焰时，应将氢气流量开大，以保证顺利点燃。点燃氢火焰后，再将氢气流量缓慢降至规定值。若氢气流量降得过快，会熄火。

(4) 判断氢火焰是否点燃的方法：将冷金属物置于出口上方，若有水汽冷凝在金属表面，则表明氢火焰已点燃。

(5) 用微量注射器进样时，必须注意排除气泡。抽液时应缓慢上提针芯，若有气泡，可将微量注射器针尖向上，使气泡上浮后推出。

六、开动脑筋

(1) 内标物的选择应符合哪些条件？用内标法进行定量分析有何优点？

(2) 用该实验方法能否测定出食用酒样品中的水分含量？

知识链接　色谱工作站

常用的数据记录和处理装置有记录仪、积分仪和色谱工作站。目前，色谱工作站已成为色谱数据处理系统的主体。现将色谱工作站的特点和操作要领介绍如下。

1. 色谱工作站简介

色谱工作站是一种先进的色谱数据记录与处理系统，是以信号处理技术、计算机技术为基础，用计算机软件实现的智能化色谱数据采集、处理装置，有的还兼有仪器的控制和检查功能。色谱工作站有以下优点：具有数据采集和数据处理功能；菜单管理、图形操作、使用简单方便；可同时连接多台色谱仪，进行多通道数据采集并可同时显示多个采样谱图窗口；数据及分析结果可永久储存；可通过网络实现实验室间的数据通信等。

2. 色谱工作站操作要领

色谱工作站的种类很多，下面以 FJ-2000 型色谱工作站为例，介绍通用型色谱工作站的操作要领。

(1) 开机。打开计算机电源开关，双击工作站图标，进入工作站数据采集系统。(2) 新建文件。在菜单中新建一个文件或项目(文件夹，此时试样文件名可自动生成)。

(3) 监视色谱基线。监视色谱基线，调节量程(或衰减)、窗口时间等至适当数值，便于出峰情况的观察。

(4) 数据采集。待色谱基线稳定后(在合适的量程参数下观察)进样，同时按“开始”图标进行数据采集。待试样出峰完毕后，按“结束”图标即完成一个试样的数据采集。

(5) 数据处理。从菜单中进入数据处理系统，装入需要处理的试样文件，进行积分参数调节、积分、定量等操作。

(6) 数据记录或打印。查看积分结果表，记录保留时间、峰面积、半峰宽等数据或者打印色谱图及积分结果表。

(7) 关机。退出工作站系统，关闭计算机。

实验二十一　气相色谱法测定乙醇中乙酸乙酯的含量

一、学习导航和要求

(1) 了解气相色谱仪结构、各组成部分的功能及工作原理；

(2) 掌握气相色谱定性分析的方法；

(3) 熟悉标准曲线法（外标法）定量分析的方法。

二、实验原理

气相色谱仪一般由气路系统、进样系统、色谱分离系统、温度控制系统、检测和放大记录系统五大系统组成，其结构示意图如图 3－11 所示。

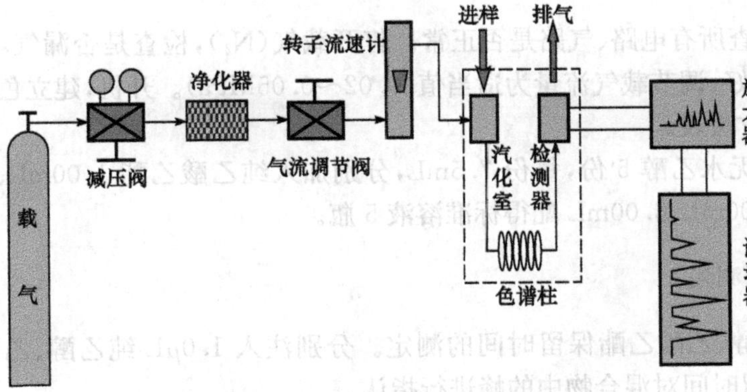

图 3－11　气相色谱仪示意图

当汽化后的试样被载气带入色谱柱中运行时，由于固定相对各组分的吸附或溶解能力不同，因此在色谱柱中的运行速度不同，经过一定时间后便彼此分离，按流出顺序离开色谱柱进入检测器，在记录器上即可绘制出各组分的色谱峰。在相同色谱操作条件下，通过比较已知纯样品和未知物的保留参数，即可确定未知物为何种物质。通过测量峰高或峰面积，采用外标法、内标法或归一化法等方法，可确定待测组分的质量分数。

外标法定量使用组分 i 的纯物质配制成已知浓度的标准样，在相同的操作条件下分析标准样和未知样。根据组分量与相应峰面积或峰高呈线性关系，则当标准样与未知样进样量相等时，按下式计算组分的含量：

$$w_i = \frac{A_i}{A_{is}} \cdot w_{is}$$

式中，w_{is}为标准样品中组分 i 的含量；w_i 为待测试样中组分 i 的含量；A_{is}为标准样品中组分 i 的峰面积；A_i 为待测试样中组分 i 的峰面积。

外标法也称标准曲线法，将被测组分的标准物质配成不同浓度的标准溶液经色谱分析后制作一条标准曲线。根据样品中待测组分的峰面积（或峰高），从标准曲线上查得相应的浓度。

三、实验必备

SP-3420 气相色谱仪（N2000 色谱工作站），热导检测器（TCD），色谱柱，微量注射器（1μL），移液管，容量瓶；无水乙醇，乙酸乙酯，高纯 H_2（99.999%），高纯 N_2（99.999%）。

四、动手实践

1. 仪器参数设定及样品处理

(1) 检查所有电路、气路是否正常。打开载气（N_2），检查是否漏气，保证仪器的气密性良好；调节载气流量为适当值（0.02～0.05MPa）。开机，建立色谱条件配置表，建立方法表。

(2) 取无水乙醇 5 份，每份 7.5mL，分别加入纯乙酸乙酯 1.00mL、2.00mL、3.00mL、4.00mL、6.00mL 配得标准溶液 5 瓶。

2. 样品测定

(1) 乙醇、乙酸乙酯保留时间的测定。分别注入 1.0μL 纯乙醇、乙酸乙酯样品，利用保留时间对混合物中的峰进行指认。

(2) 乙醇中乙酸乙酯含量的测定。从每瓶中吸取 1.00μL 样品注入色谱仪得各标准溶液色谱图，取试样溶液 1.00μL，在相同条件下进行分析，得色谱图。

实验完毕，用乙醇清洗 1μL 注射器，退出工作站，关闭汽化室、色谱柱、检测器的升温加热，并继续通气 30min，然后关闭气相色谱仪电源和载气阀门。

用计算机绘制乙酸乙酯的标准曲线，利用标准曲线求样品中乙酸乙酯的含量。

五、温馨提示

(1) 没有载气流量时，不得打开主机电源，关机时应先关电源后再关载气。

(2) 色谱柱未经老化时不得接到 TCD 入口。

(3) ECD 温度在任何时候都应高于柱温，升温时应先加热 ECD，待温度达到设定值后再使柱箱升温。

六、开动脑筋

(1) 气相色谱仪的主要部件有哪些？各有什么作用？

(2) 运用气相色谱对于物质进行定性分析的方法有哪些?

(3) 用外标法进行定量分析的优缺点是什么?

(4) 如何绘制乙酸乙酯的标准曲线?如何利用标准曲线求样品中乙酸乙酯的含量?

知识链接

典型气相色谱仪的系统组成

典型气相色谱仪由以下五大系统组成:气路系统、进样系统、色谱分离系统、温度控制系统、检测系统和数据处理及其他辅助部件等构成。

1. 气路系统

气相色谱仪具有一个让载气连续运行、管路密闭的气路系统。它的气密性、载气流速稳定性以及流量测量的准确性对色谱结果均有很大的影响。

(1) 载气。常用的载气有氢气、氮气和氧气等。它们由相应的高压钢瓶储装的压缩气源提供。载气的选择主要取决于选用的检测器和其他一些具体因素。

(2) 净化器。净化器是用来提高载气纯度的装置。净化剂主要有活性炭、硅胶、分子筛和 105 催化剂,分别用来除去烃类杂质、水分、氧气等。

(3) 稳压恒流装置。载气流速影响色谱分离和定性分析,要求其流速要稳定,载气的压力可用压力表来测量,流量用转子流量计指示。

2. 进样系统

进样系统包括进样装置和汽化室。其作用是将试样在进入色谱柱前瞬间汽化,快速定量地转入色谱柱。进样量、进样时间、汽化速度等影响色谱分离效率和结果的准确性及重现性。

(1) 进样器。液体样品进样,一般用微量注射器,规格有 1μL、5μL、10μL 和 50μL 等。

(2) 汽化室。要求汽化室热容量大,无催化效应。为减小柱前谱峰变宽,汽化室的死体积应尽可能小。

3. 色谱分离系统

气相色谱仪的分离系统是色谱柱,由柱管和装填的固定相所组成,是色谱仪中最重要的部件之一。色谱柱可分为填充柱和毛细管柱。色谱柱分离效果与柱长、柱径、柱形、所选用固定相和柱填料的制备技术以及操作条件等因素有关。

4. 温控系统

温控系统是用来设定、控制、测量色谱柱、汽化室、检测室的温度。气相色谱的流动相为气体，样品仅在气态时才能被载气携带通过色谱柱，因此，从进样到检测结束必须控温。温度直接影响色谱柱的选择性、分离效率和检测器的灵敏度及稳定性。

气相色谱仪多采用可控硅温度控制器连续控制柱温。对于沸点范围很宽的混合物，多采用程序升温分析。程序升温是在一定分析周期内，温度连续随时间由低温向高温线性或非线性变化，以使沸点不同的组分各在其最佳柱温下流出，从而改善分离效果，缩短分析时间。汽化室的温度应使试样瞬时汽化而又不分解，其温度一般比柱温高10～50℃。

5. 检测器

对流出柱的样品组分进行识别和响应。常见的检测器有热导池检测器、氢火焰离子检测器、电子捕获检测器和火焰光度检测器等类型。

实验二十二　气相色谱法测定生物柴油中脂肪酸甲酯

一、学习导航和要求

(1) 熟悉气相色谱仪的基本构造与一般使用方法；

(2) 了解程序升温的优点，掌握程序升温控制程序的编制方法；

(3) 掌握归一化法进行定量分析的原理和方法。

二、实验原理

程序升温是指色谱柱的温度按照适宜的程序连续地随时间呈线性或非线性升高。在程序升温中，采用较低的初始温度，使低沸点的组分得到良好分离，然后随着温度不断升高，沸点较高的组分逐一"推出"。由于高沸点组分较快地流出，因而峰形尖锐，与低沸点组分类似。

当样品中所有组分都能流出色谱柱，并能给出可以测定的信号时，可以采用归一化法进行定量分析。归一化法的特点是简单准确，不必称量和准确进样，操作条件如进样量、载气流速等变化时对结果影响较小。

当测量参数为峰面积时，归一化的计算公式为

$$p_i = \frac{m_i}{m} \times 100 = \frac{A_i f_i}{A_1 f_1 + A_2 f_2 + \cdots + A_n f_n} \times 100$$

式中，p_i 为被测组分的质量分数；A_1、A_2、…、A_n 分别为样品中各组分的峰面积；f_1、f_2、…、f_n 分别为样品中各组分的定量校正因子。

部分脂肪酸甲酯在 FID 上的相对质量校正因子(基准物：十三酸甲酯)见表 3－3所示。

表 3－3　部分脂肪酸甲酯的相对校正因子

化合物	f_i	化合物	f_i	化合物	f_i
棕榈酸甲酯	1.29	油酸甲酯	1.17	亚油酸甲酯	1.32
芥酸甲酯	1.41	花生一烯酸甲酯	1.52	亚麻酸甲酯	1.94

三、实验必备

6890 型气相色谱仪带有氢火焰检测器(FID)和色谱工作站，HP-innowax 毛细管色谱柱(30m×0.25mm×0.25μm)，微量注射器；生物柴油，正己烷。

四、动手实践

(1) 色谱操作条件：汽化室、检测器温度 280℃；柱温用程序升温，初始温度 170℃，保持 0.5min，以 5℃/min 升温速率升至 200℃，然后以 15℃/min 升温至 240℃，保持 5min；载气，N_2，柱头压 60 kPa；氢气，32mL/min；空气，320mL/min；进样量，1μL。

(2) 取一定量的生物柴油样品于 1.00mL 的容量瓶中，用正己烷定容后，在上述色谱条件下进行气相色谱分析，记录下各色谱峰的保留时间和峰面积。

根据脂肪酸甲酯在 FID 上的相对质量校正因子，计算各脂肪酸甲酯的百分含量。

五、温馨提示

(1) 点燃氢火焰时，应加大氢气流量，以保证顺利点燃。点燃后，再将氢气流量缓慢降至规定值。

(2) 用微量注射器进样时，必须注意排除气泡。抽液时应缓慢上提针芯。若有气泡，可将注射器针尖向上，使气泡上浮后推出。

(3) 在一个温度程序执行完成后，需等待色谱仪回到初始状态并稳定后，才能进行下一次进样。

六、开动脑筋

(1) 简述程序升温法的优缺点。

(2) 归一化法有什么优缺点？在什么条件下可以用归一化法进行定量分析？

(3) 为什么说归一化法不必准确称量样品和准确进样，仍能进行准确定量分析？

知识链接 **SP-6890 气相色谱仪操作规程**

打开三气发生器电源开关，空气“Air”“工作指示”灯亮，几分钟左右，待空气压力达到 0.2～0.3 MPa 时，“H_2”、“N_2”系统自动启动，再等几分钟后，“Air”、“H_2”、“N_2”压力指示均为 0.4 MPa。

调节 SP-6890 气相色谱仪主机上相应的流量控制旋钮，待压力达到规定值后，打开 SP-6890 气相色谱仪主机电源开关。

按 SP-6890 气相色谱仪主机操作面板上的“柱室”键，按“输入”键选择光标到目标温度，输入相应的数字后，按“输入”键确定；按操作面板上的“检测”键，按“输入”键选择光标到目标温度，输入相应的数字后，按“输入”键确定；按操作面板上的“汽化”键，按“输入”键选择光标到目标温度，输入相应的数字后，按“输入”键确定。

待温度达到设定值后，点燃氢火焰。点燃氢火焰时，应将氢气流量开大，以保证顺利点燃后，再将氢气流量缓慢降至规定值。

打开计算机，点击桌面上的“N3000 色谱工作站”图标，选择通道 1 或 2，按“确定”键后，自动进入工作站的数据采集界面。

待基线平稳后，开始进样，数据采集完毕，点击“停止采集”，自动进入数据处理界面。数据处理完毕后，点击“数据采集”，又回到数据采集界面，再次进样采集数据。

实验完毕，依次关闭计算机开关、关闭 SP-6890 气相色谱仪主机电源开关，30min 后，按三气发生器的“排水开关”3 次，数秒钟后，才能关闭三气发生器的电源开关。

实验二十三　高效液相色谱法测定饮料中的咖啡因含量

一、学习导航和要求

(1) 掌握高效液相色谱仪的基本操作；

(2) 掌握高效液相色谱法进行定性和定量分析的原理；

(3) 掌握外标法进行定量分析的方法。

二、实验原理

咖啡因又称咖啡碱，属黄嘌呤衍生物，化学名称为 1,3,7-三甲基黄嘌呤，咖啡中含咖啡因约为 1.2%～1.8%，茶叶中约含 2.0%～4.7%。可乐饮料、APC 药片等中均含咖啡因。

高效液相色谱法定性和定量分析的原理和方法与气相色谱法相同，即在一定的色谱操作条件下，每种物质有一定的保留值，而被测物质的质量 m_i 与检测器产生的信号——色谱峰的面积 A_i 或峰高 h_i 成正比，即

$$m_i = f'_i A_i \qquad \text{或} \qquad m_i = f''_i h_i$$

式中，f'_i、f''_i 为比例常数，分别称为峰面积和峰高绝对校正因子。

外标法简便，不需要校正因子，但进样量要求十分准确，操作条件也需严格控制，适于日常控制分析和大量同类样品分析。测定方法为：把待测组分的纯物质配成不同浓度的标准系列，在一定操作条件下分别向色谱柱中注入相同体积的标准样品，测得各峰的峰面积或峰高，绘制 A-c 或 h-c 的标准曲线。在完全相同的条件下注入相同体积的待测样品，根据所得的峰面积或峰高从曲线上查得含量。

在样品标准曲线呈线性情况下，可用单点校正法测定。配制一个与被测组分含量相近的标准物，在同一条件下对被测组分和标准物进行测定，被测组分的质量分数为

$$p_i = \frac{A_i}{A_s} \times \frac{m_s}{m} \times P_s \times 100\%$$

式中，m_s 为标准溶液中标准物质的质量(g)；m 为称取的样品质量(g)；p_s 为标准物质纯度，如 99.00%等；A_i 为样品溶液中待测组分 i 的数次峰面积的平均值；A_s 为标准溶液中组分 i 数次峰面积的平均值，也可以用峰高代替峰面积进行计算。

三、实验必备

Shimadzu LC-10 ATvp 高效液相色谱仪，带紫外检测器，柱温箱，六通阀和色谱工作站；C_{18} 柱，250mm×4.6mm；微量注射器；超声波清洗器 1 台；溶剂过滤器 1 套。

甲醇(色谱纯)，二次蒸馏水，咖啡因标样，可乐饮料。

色谱操作条件　色谱柱：Shimadzu VP-ODS 柱，150mm×4.6mm id，5μm；流动相：甲醇/水＝70/30(V/V)；流速：1mL/min；柱温：40℃；进样量：20μL；检测波长：254nm。

四、动手实践

标准溶液配制：准确称取咖啡因标样 30mg 于 50mL 容量瓶中，用甲醇溶解、定容，摇匀。准确移取 1.00mL 该溶液于 10mL 容量瓶中，用甲醇定容，摇匀。

样品溶液的配制：取 30mL 可乐饮料于烧杯中，用超声波脱气 5min 以驱赶二氧化碳。准确移取 1mL 已脱气的饮料于 10mL 容量瓶中，用甲醇定容，摇匀。

待仪器基线稳定后，进标准溶液 20μL，记录色谱图，重复两次。进样品溶液

$20\mu L$,记录色谱图,重复两次。冲洗色谱柱 1h 后,关机。确定样品色谱图中咖啡因的位置,并计算可乐饮料中咖啡因的含量。

五、温馨提示

(1) 所用流动相必须分别过滤后使用。

(2) 用微量注射器进样时,必须注意排除气泡。抽液时应缓慢上提针芯,若有气泡,可将注射器针尖向上,使气泡上浮后推出。

(3) 不同牌号的饮料中咖啡因含量不同,移取的样品量可酌量增减。

(4) 若样品和标准溶液需保存,应置于冰箱中保存。

(5) 实验完毕,必须冲洗柱子。

六、开动脑筋

(1) 紫外检测器是否适于所有有机化合物的检测?为什么?

(2) 外标法应用于哪些情况?它与内标法、归一化法比较有何优缺点?

实验二十四　高效液相色谱内标法测定联苯

一、学习导航和要求

(1) 熟悉高效液相色谱仪的基本构造与使用方法;

(2) 理解内标法的测定原理和优点。

二、实验原理

在液相色谱中,若采用非极性固定相,如十八烷基键合相,极性流动相,这种色谱法称为反相色谱法,该法特别适合于同系物的分离。萘、联苯在 ODS 柱上的分配比 k' 不相等,在柱内的移动速度不同,因而先后流出柱子,根据峰面积可求组分含量。

内标法克服了外标法的缺点,不仅可以抵消实验条件和进样量变化带来的误差,而且定量准确,应用广泛,限制条件少。当样品中组分不能全部流出色谱柱,某些组分在检测器上无信号或只需要测定样品中的个别组分时,经常用内标法进行定量分析。

三、实验必备

Shimadzu LC-10 ATvp 高效液相色谱仪,带紫外检测器,柱温箱,六通阀和色谱工作站;C_{18} 柱,250mm×4.6mm;微量注射器;超声波清洗器;溶剂过滤器。

甲醇(色谱纯),二次蒸馏水,萘(A. R.),联苯(A. R.)。

四、动手实践

(1) 色谱操作条件。色谱柱:Shimadzu VP-ODS 柱,150mm×4.6mm id, 5μm;流动相:甲醇/水=88/12(*V*/*V*),流速:1mL/min;柱温:40℃;进样量:20μL;检测波长:254nm。

(2) 标准溶液的配制。① 准确称取 0.1000g 萘于 50mL 容量瓶中,用甲醇溶解、定容,摇匀,得 2.00mg/mL 的萘标准储备溶液。准确移取 1.00mL 此液于 10mL 容量瓶中,用甲醇稀释、定容,摇匀,得 0.20mg/mL 的萘内标标准溶液。② 准确称取 0.0300g 联苯于 50mL 容量瓶中,用甲醇溶解、定容,摇匀,得 0.60mg/mL的联苯标准储备溶液。准确移取 1.00mL 此液于 10mL 容量瓶中,用甲醇稀释、定容,摇匀,得 0.06mg/mL 的联苯标准溶液。

(3) 定量标准溶液的配制。分别准确移取 1.00mL 萘标准储备溶液(2.00mg/mL)和 1.00mL 联苯标准储备溶液(0.60mg/mL)于同一 10mL 容量瓶中,用甲醇稀释、定容,摇匀,得含有 0.20mg/mL 的萘内标物的联苯定量标准溶液(0.06mg/mL)。

(4) 样品溶液的配制。准确移取 1.00mL 样品溶液和 1.00mL 萘标准储备溶液(2.00mg/mL)于同一 10mL 容量瓶中,用甲醇稀释、定容,摇匀,得含有0.20mg/mL 的萘内标物的样品溶液。

待基线平直后,分别注入 0.20mg/mL 的萘内标标准溶液和 0.06mg/mL 的联苯标准溶液 20μL,记录萘和联苯的保留时间。注入 20μL 定量标准溶液,记录色谱图,重复 2 次。注入 20μL 样品溶液,记录色谱图,重复 2 次。实验结束后,冲洗色谱柱 1h,按要求关好仪器。确定标准溶液和样品溶液中色谱峰的归属,并记录相应的峰面积值。用内标法计算样品溶液中联苯的浓度。

五、温馨提示

(1) 用微量注射器进样时,必须注意排除气泡。抽液时应缓慢上提针芯,若有气泡,可将注射器针尖向上,使气泡上浮后推出。

(2) 室温较低时,为加速萘的溶解,可用超声波辅助溶解。

六、开动脑筋

(1) 什么是反相色谱法? 有何优点?

(2) 完成色谱分析需要哪些步骤?

实验二十五　反相高效液相色谱法分离芳香烃类化合物

一、学习导航和要求

(1) 掌握高效液相色谱的基本原理；

(2) 了解反相液相色谱法分离非极性化合物的基本原理；

(3) 掌握用反相液相色谱法分离芳香烃类化合物的方法。

二、实验原理

高效液相色谱法(high performance liquid chromatography，HPLC)可在常温下进行分离分析，不会导致被测物质热分解，适用范围较广。流动相的极性大于固定相极性的液-液色谱法称为反相液相色谱法(reverse phase liquid chromatography)，极性大的组分先出峰，极性小的组分后出峰。若将正构烷烃等非极性物质(如 n-C_{18}烷)键合到硅胶基质上，以极性溶剂(如甲醇和水)为流动相，则可分离非极性芳香烃类如烷基苯类化合物。

三、实验必备

高效液相色谱仪，紫外(254nm)检测器，C_{18}色谱柱(250mm×4.6mm)，微量进样器(25μL)，超声波脱气机，抽滤装置一套。

流动相 80％甲醇＋20％水(使用前应超声波脱气)，苯，甲苯，n-丙基苯，n-丁基苯(均为 A. R.)，未知样品(芳香族化合物)。

四、动手实践

(1) 根据需要选择不同的滤膜过滤流动相，对抽滤后的流动相进行超声脱气10～20min。以流动相为溶剂，配制苯、甲苯、n-丙基苯、n-丁基苯的标准溶液各100mL，浓度均为 0.1mL/1mL(V/V)；以流动相为溶剂，苯、甲苯、n-丙基苯、n-丁基苯各 10mL 混合后稀释至 100mL 配制成标准混合溶液；以流动相为溶剂，苯、甲苯、n-丙基苯、n-丁基苯及未知样品各 10mL 混合后稀释至 100mL 配制成样品溶液。

(2) 打开 HPLC 工作站(包括计算机软件和色谱仪)，连接好流动相管道和检测系统。进入软件操作界面，设定操作条件如选用合适的流速等，获取基线并观察基线的情况。

(3) 待仪器稳定后，取标准混合溶液 20μL 进样，记录各组分的保留时间及峰面积。然后分别用注射器吸取苯、甲苯、n-丙基苯、n-丁基苯各 5μL 进样，同时记录各保留值。

(4) 进未知样 20μL，记下各组分色谱峰的保留时间，重复两三次。

(5) 依据标准物的保留时间,对未知样品各组分定性;根据标准物的峰面积,估算未知样品中相应组分的含量。

(6) 先关闭计算机,再关闭液相色谱仪并填写仪器使用记录。计算各组分色谱峰的面积、保留时间、峰高、出峰次序并列表。采用归一化法计算各组分的相对质量校正因子和各组分、未知组分的百分含量。

五、温馨提示

(1) 所有样品均需进行过滤操作,全部样品测定完后,再走一段基线,洗净剩余物。

(2) 对流动相进行过滤和脱气,要及时补充流动相,防止色谱柱内无流动相。

(3) 要保持泵的良好操作性能,每天开始使用时放空排气,工作结束后从泵中洗去缓冲液,定期维护泵的清洁,尤其避免使水或腐蚀性溶剂滞留其中。

六、开动脑筋

(1) 正相和反相液相色谱法有何区别? 分离对象有何不同? 解释未知试样中各组分的洗脱顺序。

(2) 试说明苯甲酸在本实验的色谱柱上,是强保留还是弱保留? 为什么?

(3) 高效液相色谱进样技术与气相色谱进样技术有何不同?

实验二十六 离子色谱法测定样品中的常见阴离子

一、学习导航和要求

(1) 了解离子色谱仪的基本构造与一般使用方法;

(2) 熟悉样品中常见阴离子含量的测定方法。

二、实验原理

离子色谱法是以离子交换树脂为固定相,电解质溶液为流动相的液相色谱方法,常以电导池检测器作为通用的检测器。

常见阴离子经过阴离子柱分离后,用保留时间进行定性分析,用峰面积进行定量分析。

三、实验必备

ICS-90 型离子色谱仪,电导池检测器,阴离子分析系统,微量注射器。Na_2SO_4、$NaNO_3$、NaCl(均为 A. R.),8mmol/L Na_2CO_3 溶液,1mmol/L $NaHCO_3$ 溶液,50mmol/L H_2SO_4 溶液。

四、动手实践

分别称取适量的 Na_2SO_4、$NaNO_3$、NaCl 和 NaF，用去离子水配成 SO_4^{2-}（15.0μg/mL）、NO_3^-（10.0μg/mL）、Cl^-（3.0μg/mL）、F^-（2.0μg/mL）或 PO_4^{3-}（15.0μg/mL）的标准溶液。

分别称取适量的 Na_2SO_4、$NaNO_3$、NaCl 和 NaF，用去离子水配成含 SO_4^{2-}（150.0μg/mL）、NO_3^-（100.0μg/mL）、Cl^-（30.0μg/mL）、F^-（20.0μg/mL）和 PO_4^{3-}（150.0μg/mL）的混合溶液。依次取 0.50mL、1.00mL、1.50mL、2.00mL 和 2.50mL 该混合溶液于 10mL 容量瓶中，用去离子水定容、摇匀，得定量系列标准溶液。

待基线平直后，注入上述标准溶液 10μL，记录各组分的保留时间。注入上述定量系列标准溶液 10μL，记录各组分的保留时间和峰面积（或峰高）。注入样品溶液 10μL，记录各峰保留时间和峰面积（或峰高）。实验结束后，冲洗色谱柱 1h，按要求关好仪器。确定定量系列标准溶液和样品溶液所得色谱图中各色谱峰所代表的离子。用标准曲线法计算样品溶液中 SO_4^{2-}、NO_3^-、Cl^-、F^- 和 PO_4^{3-} 的浓度。

五、温馨提示

（1）所用淋洗液必须过滤后方能使用。

（2）用微量注射器进样时，必须注意排除气泡。抽液时应缓慢上提针芯，若有气泡，可将注射器针尖向上，使气泡上浮后推出。

（3）实验完毕，必须冲洗柱子。

六、开动脑筋

（1）离子色谱法与气相色谱法、高效液相色谱法有什么异同？

（2）双柱离子色谱法有什么优点？

实验二十七　微波程序消解-原子荧光法测定小麦及其土壤中有害元素砷（创新型实验）

一、学习导航和要求

（1）了解原子荧光法测定小麦及其土壤中有害元素砷的样品处理方法；

（2）熟悉原子荧光光谱法测定砷的基本原理。

二、实验原理

试样经处理后，在盐酸介质中，加硫脲-抗坏血酸使五价砷还原为三价砷，加入硼氢化钠或硼氢化钾生成的砷化氢气体，由氩气载入石英原子化器中成为原子态砷，在砷空心阴极灯的激发下产生原子荧光，其荧光相对强度在一定条件下与被测液中的砷浓度成正比，与标准系列比较定量。

三、实验必备

AFS-230E等双道原子荧光光度计，砷空心阴极灯，编程断续流动进样装置，微波消解仪。

KBH_4(2%)+NaOH(0.5%)溶液：称取5g NaOH溶于水中，加入20g KBH_4，定容至1L。

5%硫脲+5%抗坏血酸溶液：硫脲研磨后，称取5g加入50mL水加热溶解，待冷却后，加入5g抗坏血酸，定容至100mL。

1.00g/L砷标准储备溶液：称取三氧化二砷（于110℃烘干2h）0.1320g，加200g/L氢氧化钠溶液2mL，溶解后加(1+9)盐酸10mL，转入100mL容量瓶，用水稀释至刻度，摇匀，此为1.00g/L的砷标准储备溶液。使用时逐级稀释为0.10mg/L砷标准使用液。

硝酸+高氯酸+氢氟酸(4+1+0.5)混合酸溶液。所用试剂为优级纯，水为去离子水。

四、动手实践

1. 样品的预处理

小麦样品用自来水初洗后，用去离子水冲洗3次，在60℃烘干，用不锈钢万能粉碎机粉碎后，置称量瓶中于60℃烘干至恒量；土壤样品过140目筛在100℃烘干至恒量，均置于干燥器中冷却，备用。小麦样品称取0.5g左右、土壤样品称取0.1～0.5g（均称准至0.0001g），于聚四氟乙烯溶样杯中，加(4+1+0.5)混酸5mL，待冒泡结束后盖紧杯盖，放入微波消解仪中，按表3-4程序进行高压消解后，冷却至室温，溶液呈无色或淡黄色。将消解液放在控温电热板上，控制150℃赶尽残存的HF、$HClO_4$和HNO_3后加5mL去离子水、2.50mL盐酸溶解残留物，将消解液全部转入25mL容量瓶中，用2mL水洗涤溶样杯3次，洗液移入容量瓶中，加2.50mL 5%硫脲+5%抗坏血酸溶液，用去离子水定容至刻度，混匀，待测定。同时消化处理试剂空白溶液。

表3-4 样品高压消解程序

参数	程序				
	1	2	3	4	5
消解功率/W	400	600	800	600	400
消解压力/MPa	0.3	0.7	1.1	1.6	2.0
消解时间/min	3	2	1	2	5

2. 标准曲线的绘制及样品的测定

测定土壤砷时，移取 0.00mL、1.00mL、2.00mL、4.00mL、8.00mL、10.00mL 砷标准使用液（0.10mg/L）于 25mL 容量瓶中，加 2.50mL 盐酸、2.50mL 5%硫脲+5%抗坏血酸溶液，用去离子水稀释至刻度。该标准系列浓度为 0.00μg/L、4.00μg/L、8.00μg/L、16.00μg/L、32.00μg/L、40.00μg/L，放置 30min，待测定。

测定小麦中砷时，移取 0.00mL、0.50mL、1.00mL、1.50mL、2.00mL、2.50mL 砷标准使用液（0.10mg/L）于 25mL 容量瓶中，加 2.50mL 盐酸、2.50mL 5%硫脲+5%抗坏血酸溶液，用去离子水稀释至刻度。该标准系列浓度为 0.00μg/L、2.00μg/L、4.00μg/L、6.00μg/L、8.00μg/L、10.00μg/L，放置 30min，待测定。

将石英炉温度设定在 200℃，稳定 30min 后，按设定的仪器工作参数进行测量，连续测定空白并稳定后，确定空白值，然后测定各标准系列溶液，以扣除空白后的荧光信号为纵坐标，以标准溶液中砷的浓度为横坐标用计算机绘制标准曲线，然后测定各样品空白、样品定容液，仪器自动得出相应数据。结果按下式计算：

$$X=\frac{(c-c_0)\times V}{m\times 1000}$$

式中，X 为样品中砷的含量（干基）（μg/g 或 mg/kg）；c 为样品定容液中砷的测定浓度（μg/L）；c_0 为样品空白消化液中砷的测定浓度（μg/L）；V 为样品定容液总体积（mL）；m 为样品质量（g）。

五、温馨提示

（1）原子荧光分光光度计的最佳测量条件和工作参数按表 3-5 进行设定。

表 3-5 原子荧光分光光度计的工作参数

测量条件	工作参数	测量条件	工作参数
负高压	240～300V	测量方式	标准曲线法（STD 法）
灯电流	40～80mA	读取方式	峰面积
辅助阴极电流	30mA	读数时间	10s
原子化器高度	9mm	延时时间	1～3s
原子化器温度	室温（挡）	载流	5%HCl（V/V）
载气流量	400mL/min	屏蔽气流量	1000mL/min

（2）6 倍量锑，20 倍铅，30 倍锡，200 倍铜和锌对砷（Ⅲ）测定无干扰。加入硫脲和 EDTA 可消除砷锑之间以及大多数共存元素的干扰。

（3）5%硫脲+5%抗坏血酸可较好地将样品中五价砷还原至三价砷，还原速度受温度的影响。

(4) 样品消化时，适当加入少量 $K_2Cr_2O_7$ 或 V_2O_5 保护剂可以有效地避免砷的挥发损失。

(5) 本实验为作者创新型研究成果，发表于《河南科学》(核心期刊)[2007,25(6):911～914]。

(6) KBH_4 溶液在测定前加入，生成的砷化氢气体由氩气载入石英原子化器。

六、开动脑筋

(1) 根据实践操作和测定数据，如何绘制工作曲线？

(2) 根据试液测定的相对发光值如何计算样品中的砷含量？请写出有关计算公式。

(3) 5%硫脲＋5%抗坏血酸溶液在测定中起何作用？KBH_4(2%)＋NaOH(0.5%)溶液起什么作用？

(4) 如何计算小麦砷的生物吸收比？元素的生物吸收比能说明什么问题？

阅读材料

砷的毒性及其测定方法

砷是自然界广泛分布的一类重金属元素，常以无机或有机砷化物形态存在，其中，三价砷比五价砷的毒性大。环境中的砷和重金属通过各种途径迁移至土壤，而砷和一些重金属元素在土壤中的移动性很小，残留在土体中很难消失而污染土壤，结果引起小麦等作物吸收过量的砷而被污染，给食品安全带来潜在隐患，对人体健康造成较大威胁，因此，砷是食品中危害较为严重的有害元素之一。

砷以五价和三价形态存在于生物体内，可与细胞内酶蛋白的巯基结合而使其病变，并已证明砷有致癌作用。长期食用含砷较高的食品和水可导致砷慢性中毒，主要表现为食欲减退，烦躁不安，皮肤色素沉着，有的为暗褐色密集斑点分布于全身，以躯干、臀腿等非裸露部位最为明显，人们称这类慢性砷中毒为“皮肤黑变病”。因此，灵敏、准确、快速地检测土壤、小麦等样品中的微量砷并探讨其在自然环境条件下的生物吸收比，对农业生态环境的评价、绿色食品的规范化生产、保证食品安全和广大人民的身心健康具有十分重要的现实意义和长远的社会意义。

土壤和生物样品中微量砷的测定方法有分光光度法、原子吸收和原子荧光法等，其中原子荧光光谱法灵敏度高、方法简单、快捷、准确，适用于各类食品中总砷的测定，已被定为国标法测砷的第一方法。

实验二十八　质谱法测定有机化合物的结构

一、学习导航和要求

(1) 了解质谱分析的基本原理和测试方法;

(2) 掌握利用质谱图推测化合物结构的基本技能。

二、实验原理

质谱分析中,样品的蒸气分子在离子电离源作用下失去外层电子生成带正电荷的阳离子或使阳离子化学键断裂产生与原分子结构有关、具有不同 m/z 的碎片离子。例如,甲烷在电离源作用下生成自由基正离子(分子离子)后与电离源进一步作用可生成一系列的碎片离子。

$$CH_4 + e \longrightarrow [CH_4]^{+\cdot} + 2e$$

$$[CH_4]^{+\cdot} \xrightarrow{e} CH_3^+, [CH_2]^{+\cdot}, CH^+, [C]^{+\cdot}$$

电离的阳离子和碎片离子经电场加速导入质量分析器中,按质荷比(m/z)的大小顺序进行收集和记录,得到质谱分析数据。静态质谱仪的质量分析器为稳定的电磁场,按照空间位置将 m/z 不同的离子分开;动态质谱仪的质量分析器则用变化的电磁场,按照时间和空间区分不同 m/z 的离子。由单聚焦和双聚焦质量分析器组成的质谱仪属于静态质谱仪,而飞行时间和四极滤质器组成的质谱仪则属于动态质谱仪。图 3-12 是质谱仪结构示意图。

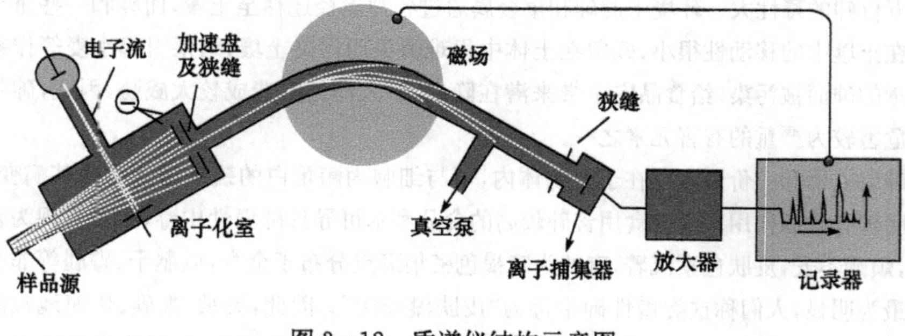

图 3-12　质谱仪结构示意图

质谱图是以质荷比 m/z 为横坐标,离子强度为纵坐标来表示的;质谱表则用表格形式表示质谱数据。质谱图中,是以质荷比 m/z 为横坐标的一系列离子峰,峰的位置和相对强度与分子结构、离子化电位、样品所受压力及仪器结构有关。根据质谱图峰的位置进行定性和结构分析,根据峰的强度进行定量分析。质谱峰一般有分子离子峰、碎片、重排、同位素、亚稳和多电荷离子峰。根据裂解后的各种离子峰特征，鉴定不同物质的组成和结构。

质谱数据除利用工作站检索所含 13 万张标准质谱图，对未知物进行结构鉴定外，还通过人工解析质谱图来推断未知物的结构。例如，从分子离子峰可得知其相对分子质量，从各碎片离子峰可推测分子离子的结构，即碎片是如何通过化学键断裂演变而成，其解析步骤如下：

1. 解析分子离子峰

(1) 标出各峰的质荷比数，尤其注意高质荷比区的峰；

(2) 识别分子离子峰，先在高质荷比区假定分子离子峰，判断该假定峰与相邻碎片离子峰关系是否合理，然后判断其是否符合氮律。若二者均相符则可认为是分子离子峰。

(3) 分析同位素峰簇的相对强度比较峰与峰间的 Dm 值，判断化合物是否含有 Cl、Br、S、Si 等元素及 F、P、I 等无同位素的元素。

(4) 推导分子式，计算不饱和度。由高分辨质谱仪测得的精确相对分子质量或由同位素峰簇的相对强度计算分子式。若二者均难以实现时，则由分子离子峰丢失的碎片及主要碎片离子推导，或与其他方法配合。

(5) 由分子离子峰的相对强度了解分子结构的信息。分子离子峰的相对强度由分子的结构所决定，结构稳定性大，相对强度就大。对于相对分子质量约 200 的化合物，若分子离子峰为基峰或强峰，谱图中碎片离子较少表明该化合物是高稳定性分子，可能为芳烃或稠环化合物。例如，萘分子离子峰 m/z 128 为基峰，蒽醌分子离子峰 m/z 208 也是基峰。若分子离子峰弱或不出现，化合物可能为多支链烃类、醇类、酸类等。

2. 解析碎片离子峰

(1) 由特征离子峰及丢失的中性碎片了解可能的结构信息，若质谱图中出现系列 C_nH_{2n+1} 峰，则化合物可能含长链烷基；若出现或部分出现 m/z 77、66、65、51、40、39 等弱的碎片离子峰，表明化合物含有苯基；若 m/z 91 或 105 为基峰或强峰，表明化合物含有苄基或苯甲酰基。若质谱图中基峰或强峰出现在质荷比的中部，而其他碎片离子峰少，化合物可能由两部分结构较稳定，其间由容易断裂的弱键相连。

(2) 综合分析以上得到的全部信息，结合分子式及不饱和度，提出化合物的可能结构。分析所推导的可能结构的裂解机理，看其是否与质谱图相符，确定其结构并进一步解释质谱；或与标准谱图比较，或与其他谱学方法(^{1}H NMR、^{13}C NMR、IR)配合以确证结构。

三、实验必备

ZQA-403 分析质谱仪（电子轰击离子源）；甲基异丁基甲酮（4-甲基-2-戊酮），未知试样（丙酮、苯甲酸）。

四、动手实践

（1）按操作规程使质谱仪正常工作，并调节至下列实验条件（仅供参考）。

电子轰击源：70eV；发射电流：100μA；离子源温度：180℃；磁场扫描范围：(0～1.50)×10^{-5}T；扫速：8s；扫描方式：线性；电子倍增器电压：1.0～1.5kV。

（2）对酮标样、未知试样分别进样检测、记录质谱图。

（3）对甲基异丁基甲酮质谱图进行解析。

（4）分别将两未知样品质谱图中各离子峰特征及裂解过程归纳至如下表格中。

质荷比(m/z)	相应的离子	离子特征或产生的裂解过程

（5）分析两未知化合物各离子峰的归属并与标准质谱图比较，以此推断其结构。

五、温馨提示

（1）实验应严格按质谱仪操作规程进行，以防损坏仪器；测试前，要充分抽真空，保证结果的准确性和重现性，仪器在未达到规定的真空度之前禁止开机。

（2）一般使用仪器不关机，只有在长时间不用时才关机。一是因为耗损（频繁开关机对分子涡轮泵不利，分子涡轮泵在正常工作状态下的摩擦最小，在开关机的时候受到的摩擦力最大）；二是要保持高灵敏（达到好的真空需要时间）；三是为得到匹配度高的分析结果，仪器长时间不用，再次使用前要进行调谐操作。

六、开动脑筋

（1）有一束含有各种不同m/z值的离子在一个具有固定狭缝位置和恒定电位的质谱仪中产生，磁场H慢慢地增加，首先通过狭缝的是最低还是最高m/z值的离子？为什么？

（2）不同的电离源之间有何差别？化学电离源主要应用于何种样品分析？

（3）如何利用质谱图判定相对分子质量？分子离子峰如何确定？

（4）如何运用同位素规则和氮律确定卤原子和氮原子的个数？

知识链接　甲基异丁基甲酮质谱图的有关信息

甲基异丁基甲酮的质谱图如图 3-13 所示，分子离子峰以 * 标出，质荷比为 100。根据质谱图反映的信息推断：① 各不同质荷比碎片离子可能的结构；② 推断甲基异丁基甲酮分子的断裂过程。

甲基异丁基甲酮其质谱图中，该化合物相对分子质量为 100。质荷比 $m/z=85$ 的碎片离子可能是由分子断裂出甲基自由基（$\cdot CH_3$，$M_r=15$）碎片后形成；而质荷比 $m/z=57$ 的碎片离子则可认为是再断裂出一分子的 CO（$M_r=28$）碎片后形成。$m/z=58$ 的碎片离子峰丰度很高表示它很稳定，说明此碎片与分子的其余部分之间化学键比较容易断裂，很可能是甲基异丁基甲酮分子先进行麦氏重排后裂解得到的稳定离子峰。

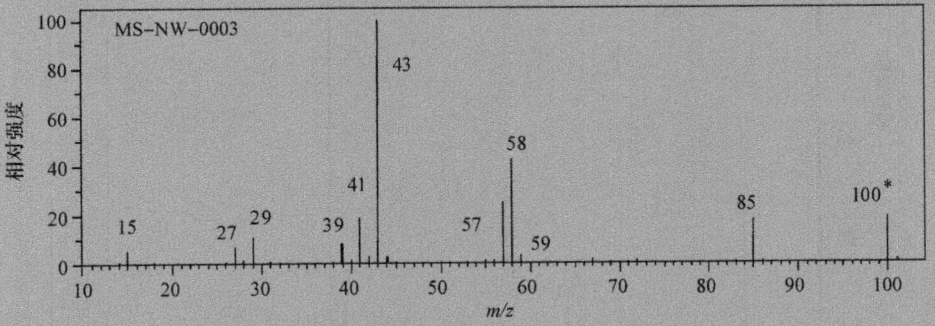

图 3-13　甲基异丁基甲酮质谱

以下是甲基异丁基甲酮分子电离和裂解过程。

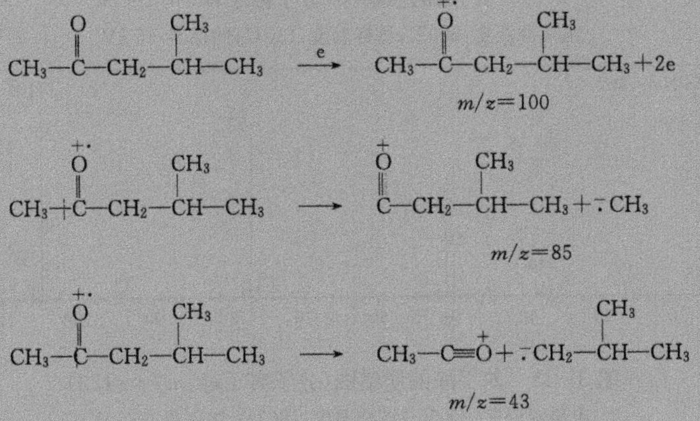

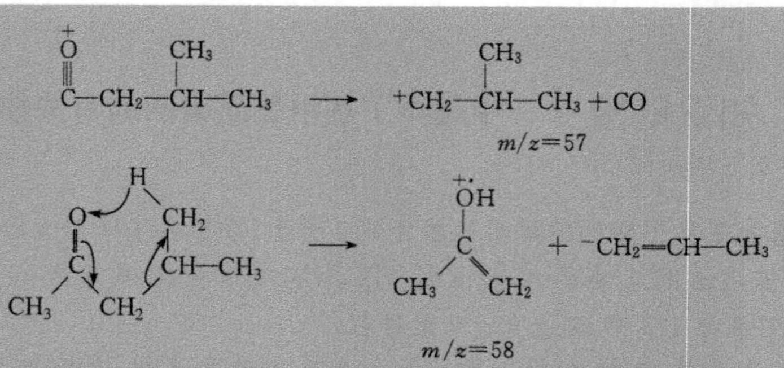

丙酮、苯甲酸的质谱图分别如图 3－14 和图 3－15 所示。化合物的碎片见表 3－15。

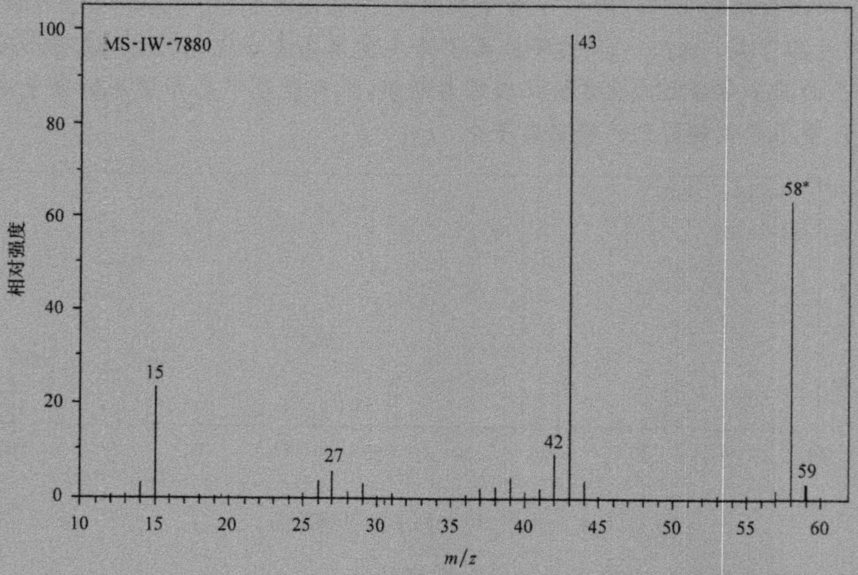

图 3－14 丙酮的质谱图(分子离子峰：$m/z=58$)
电离源温度：220℃；试样温度：150℃；储存器：75 eV

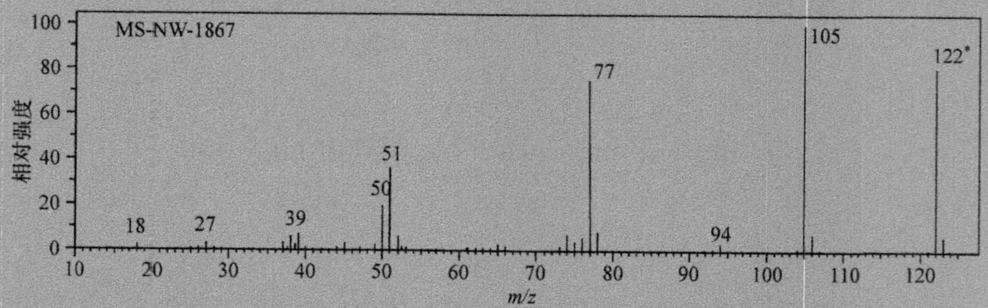

图 3－15 苯甲酸的质谱图(分子离子峰：$m/z=122$)
电离源温度：250℃；试样温度：180℃；储存器：75 eV

表 3-6　各类型化合物的碎片线索

m/z	碎片离子峰	化合物类型
30	NO^+	硝基化合物
30	$CH{=}\overset{+}{N}H_2$	伯胺
31	$CH_2{=}\overset{+}{O}H$	醇、醚
33	HS^+	硫醇
39	$C_3H_3^+$	苯环、多环、稠环、杂环化合物
43	CH_3CO^+	乙酰基化合物
44	$C_2H_6N^+$	胺类
45	$CH_3CH{=}\overset{+}{O}H$	醇类
45	$CH_3{-}\overset{+}{O}{=}CH_2$	甲基醚
45	$COOH^+$	羧酸
45	CHS^+	硫醇、硫化物
46	CH_2S^+	硫醇、硫化物
51	$C_4H_3^+$	苯环、多环、稠环化合物
58	$\left[CH_2{=}C(OH){-}CH_3\right]^+$	酮
58	$(CH_3)_2{-}\overset{+}{N}{=}CH_2$	胺
59	$CH_3{-}C(CH_3){=}\overset{+}{O}H$	醇，醚
60	$\left[CH_2{=}C(OH){-}OH\right]^+$	羧酸
60	$CH_2{=}\overset{+}{O}{-}N{=}O$	亚硝酸酯
65	$C_5H_5^+$	苄基化合物
73	$C_4H_9O^+$	羧酸、醇、醚
77	$C_6H_5^+$	苯环、多环、稠环化合物
89	$C_7H_5^+$	杂环化合物
91	$C_7H_7^+$	苄基化合物
105	$C_6H_5CO^+$	苯甲酰基化合物

实验二十九　核磁共振氢谱的测定及未知化合物的表征

一、学习导航和要求

（1）了解核磁共振的基本原理和氢谱的测试方法；

（2）了解 AVANCE-400 核磁共振波谱仪的结构并初步掌握其使用方法；

（3）掌握简单核磁共振氢谱谱图的解析技能。

二、实验原理

核磁共振波谱法(nuclear magnetic resonance spectroscopy，NMR)是表征、分析和鉴定有机化合物结构的最有效手段之一，常用的核磁共振波谱仪有两类：连续波核磁共振波谱仪和脉冲傅里叶变换核磁共振波谱仪。图 3 - 16 是核磁共振波谱仪的示意图。

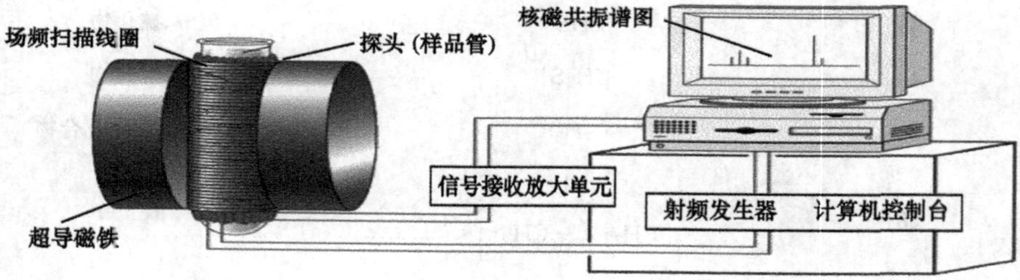

图 3 - 16　核磁共振波谱仪示意图

核磁共振谱是由具有磁矩的原子核受电磁波辐射而发生跃迁所形成的吸收光谱。用一定频率的电磁波对样品进行照射，可使特定化学结构环境中的原子核实现共振跃迁，在照射扫描中记录发生共振时信号的位置和强度，即可得到核磁共振谱。核磁共振谱中的共振信号峰位置反映样品分子的局部结构(如特征官能团、分子构型和构象等)，而信号强度则往往与相关原子核在样品中存在的量有关。

原子质量数为奇数的原子核如^{1}H、^{13}C、^{19}F、^{31}P 等，由于核内质子的自旋在沿着核轴方向产生磁矩，因此可以发生核磁共振。而^{12}C、^{16}O、^{32}S 等原子核不具有磁性故不发生核磁共振现象。

核自旋量子数 $I\neq0$ 的原子核在外磁场作用下只可能有 $2I+1$ 个取向，每一个取向都可以用一个自旋磁量子数(m)来表示。如^{1}H 核的自旋量子数 $I=1/2$，在外磁场中有两个取向，存在两个不同的能级，两能级的能量差 ΔE 与外磁场强度成正比：

$$\Delta E = E_{-1/2} - E_{+1/2} = \gamma h/(2\pi B_0)$$

由于^{1}H 核周围电子的运动产生次级磁场，使得有机物分子中不同化学环境的^{1}H 核实际受到的磁场强度不同，导致产生共振吸收的电磁辐射频率不同。

$$B = B_0 - \sigma B_0 = B_0(1-\sigma)$$

为了便于比较，通常引入一个相对标准的方法测定样品的吸收频率与标准物质的吸收频率差，采用相对值消除不同频源的差别即化学位移(δ)。

$$\delta = [(\nu_x - \nu_s)/\nu_s] \times 10^6$$

式中，ν_x为样品^{1}H 核的共振频率；ν_s为标准物质^{1}H 核的共振频率。通常采用如四甲基硅烷[$(CH_3)_4Si$, TMS]、2,2-二甲基-2-硅戊烷-5-磺酸钠[$(CH_3)_3SiCH_2CH_2CH_2SO_3Na$, DSS]等作为标准物质进行测试。

三、实验必备

AVANCE-400 核磁共振波谱仪，NMR 样品管(Φ 5mm)，塑料针筒进样器(1mL)，超声波清洗器；乙酸乙酯(A. R.)，未知样品(化学式：$C_6H_{10}O_2$)，氘代氯仿(A. R.)，四甲基硅烷(TMS, A. R.)，丙酮(A. R.)。

四、动手实践

在干燥洁净样品管中放入 2～5mg 样品，加入 0.5mL 氘代试剂(如 $CDCl_3$)及 1～2 滴 TMS(内标)，盖上盖子，用超声波振荡促溶，有悬浊物时进行过滤。

参照核磁共振谱仪说明书，按操作规程，学习测定有机化合物氢谱的基本操作方法。键入“ft”进行傅里叶变换。调整相位和基线，定标并积分然后输出或打印谱图。由核磁共振信号的组数判断有机化合物分子中化学等价(化学环境相同)质子的组数。由各组共振信号的积分面积比推算出各组化学等价质子的数目比，进而判断各组化学等价质子的数目。由化学位移值推测各组化学等价质子的归属。常见质子的化学位移范围参见附表 7。

由裂分峰的数目、偶合常数(J)、峰形可推测各组化学等价质子之间的关系。对于一级氢谱，峰的裂分数符合 $n+1$ 规律(n 为相邻碳上氢原子的数目)；相邻两裂分峰之间的距离为偶合常数，反映质子间自旋偶合作用的强度，相互偶合的两组质子的 J 值相同；相互偶合的两组峰之间呈“背靠背”的关系，外测峰较低，内测峰较高。

根据测得的乙酸乙酯核磁共振氢谱标准谱图(图 3-17)初步分析各共振峰，填入表 3-7 中。

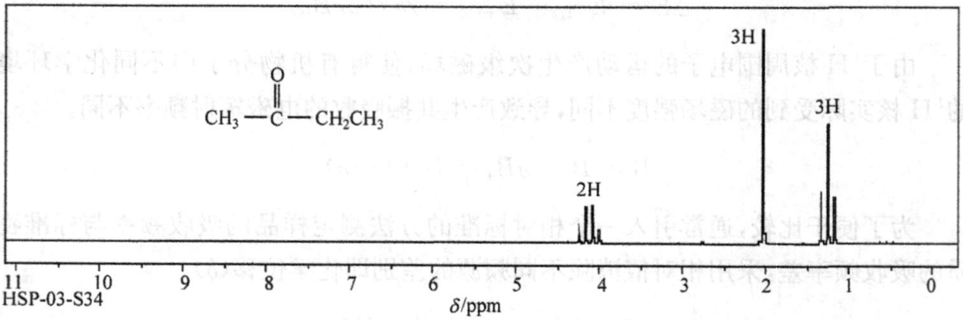

图 3－17　乙酸乙酯核磁共振氢谱标准谱图

表 3－7　核磁共振氢谱分析表

峰序号	化学位移 δ/ppm	相对峰面积	峰的裂分数及 J(Hz)值	可能结构
1				
2				
⋮				

五、温馨提示

(1) 本实验的重点在于认识核磁共振氢谱谱图并掌握简单氢谱的解析方法。

(2) 待测样品纯度要尽可能高，样品及氘代试剂的用量要适当；氘代试剂对样品的溶解性要好而且与样品间不能发生化学反应。

(3) 使用高质量的样品管以免匀场困难，使用量高器来确定样品的放置高度；注意样品管在转子中不能太松或太紧以免在实验过程中下滑或实验后难以取出。

(4) 核磁共振谱仪是大型精密仪器，使用时必须严格遵照操作说明。出现异常情况时，要及时报告老师，切勿擅自处理，以防损坏仪器。

(5) 温度变化会引起磁场漂移，每测一个样品都必须检查 TMS 零点。

六、开动脑筋

(1) 氘代试剂一般都比较昂贵，在核磁共振测试中，制样时该如何选择氘代试剂?

(2) 在 NMR 测量时，为什么要消除顺磁杂质? 为什么分析测试时要求样品高速旋转?

(3) 自旋偶合和自旋裂分是什么原因引起的? 它们在结构解析中有什么作用?

(4) 核磁谱图中的峰高是否能作为质子比的可靠量度？积分高度和结构有何关系？

知识链接　　**核磁共振氢谱可提供的结构信息**

(1) 氢的类型。通过化学位移来判断，影响质子化学位移的因素有：诱导效应、共轭效应、磁各向异性效应、氢键相互作用等。根据这些因素与化学位移的关系，可以区分和判断质子的类型，如甲基氢、芳氢、烯氢、醛氢等。

(2) 氢的化学环境。两种核的自旋之间产生相互干扰而出现自旋偶合现象，引起的核磁共振谱线分裂，称为自旋裂分。通过自旋偶合常数和自旋裂分的特征来判断质子所处环境。例如，可以判别甲基是与—CH_2—相连，还是和 >CH—相连。

(3) 氢的相对数量。可以通过峰面积或积分曲线显示各组质子间的相对数量。

(4) 氢的相对距离。通过 Overhause 效应可以测得质子在空间的相对距离。

实验三十　X 射线衍射法分析硬石膏的成分

一、学习导航和要求

(1) 了解 X 射线衍射分析的基本理论和原理；

(2) 了解 ADVANCE-D8 型 X 射线粉末衍射分析仪的结构、工作原理和使用方法；

(3) 掌握 X 射线衍射对物相进行定性分析的方法和步骤。

二、实验原理

当一束单色 X 射线入射到晶体中时，不同原子散射的 X 射线相互干涉在某些特殊方向上产生强 X 射线衍射，衍射方向决定于晶体微观结构的类型(晶胞类型)及其基本尺寸(晶面间距，晶胞参数等)；而衍射强度决定于晶体中各组成原子的元素种类及其分布排列的坐标。衍射线空间方位与晶体结构的关系可用布拉格方程表示：

$$2d\sin\theta = n\lambda$$

式中，d 为晶面间距；n 为反射级数；θ 为掠射角；λ 为 X 射线的波长。布拉格方程是 X 射线衍射分析的依据。

没有任何两种物质的晶胞大小、质点种类及其排列方式是完全一致的，因此每种晶体的结构与其 X 射线衍射图之间都有对应关系，其特征可用各个衍射晶面间距 d 和衍射线的相对强度(I/I_1)来表征。其中，晶面间距 d 与晶胞的形状和大小有关，相对强度则与质点的种类及其在晶胞中的位置有关。特征 X 射线衍射图谱不会因为与其他物质混聚而产生变化，因而可根据衍射线的位置、强度及数量来鉴定结晶物质的物相，即 X 射线衍射物相分析。

X 射线衍射仪主要由 X 射线发生器(X 射线管)、测角仪、X 射线探测器、计算机控制处理系统等组成，结构如图 3-18 所示。

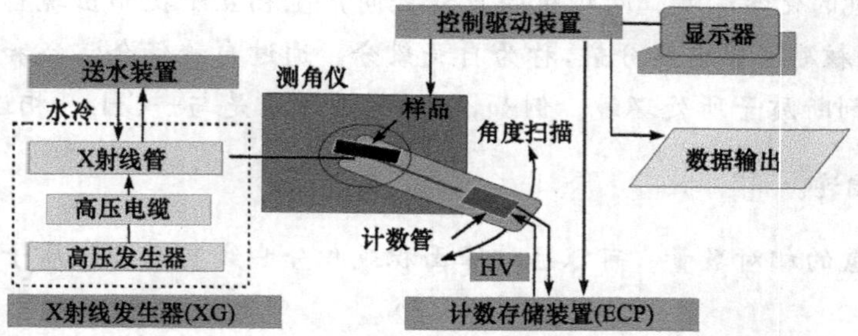

图 3-18　X 射线衍射仪示意图

从实验获得的 X 射线衍射图出发，掌握 X 射线粉末衍射索引的使用和方法，运用 PDF 卡片进行物相分析。实际工作中只要测得试样的多晶衍射数据，通过分析和查对 PDF 卡片即可对试样进行物相分析和鉴定。物相分析步骤如下：

(1) 计算 d 值和各衍射峰的相对强度。从 X 射线衍射图上找出所有的衍射峰，按照布拉格方程得到它们所对应的角 2θ、d 值以及相对强度值(I/I_1，I_1 为最强衍射峰，基准为 100)；将 d 值与对应的 I/I_1 排列成表格。

(2) 根据 d 值与 I/I_1 值表进行检索。若知道试样中一种或数种化学元素，运用字母索引检索可加快检索速度。试样组成不了解时，用所测得的 d 值与 I/I_1 值表内的最强线 d 值在哈纳瓦特索引中定位哈纳瓦特组(或在芬克索引中定位芬克组)；随后用第一、第二强线 d 值及其误差范围的组合确定哈纳瓦特组内的检索条目(用第一强线 d 值或下一个较小 d 值及其误差范围的组合确定芬克组内的检索条目)。

(3) 物相鉴定。找出该物质的卡片，依次比较第一、第二强线直至第八强线；若相符则初步鉴定成功。进一步比较该 PDF 卡片中全部线条的 d 值和 I/I_1 值，并结合化学、物理、晶体学等方面信息做出最终鉴定；记下该物质的名称及所需的资料。

(4) 若初步鉴定不成功,则用下一条强线(或下一个较小的 d 值)与第一强线组成线对,重复进行(2)、(3)步骤。鉴定出一种物相后若仍有衍射峰未归属,则试样中可能含有其他物相。

(5) 其他相的鉴别。将余下衍射线进行强度的归一化处理,再重新按照以上流程寻找第二相。记下该样品中其他物相的名称及所需的资料。

此外,物相分析还可以采用特征峰法、计算机检索等其他方法进行。

三、实验必备

德国 Bruker 公司 ADVANCE-D8 X 射线衍射仪;碳酸钙($CaCO_3$),硬石膏($CaSO_4$)粉末。

四、动手实践

1. 样品制备

样品和分析目的不同(定性分析或定量分析),则样品制备方法不同。粉末试样必须满足:晶粒要细小,试样无择优取向。常用玛瑙研钵将试样研细至手指搓捏无颗粒感。样品移至玻璃试样架的试样填充区(一般为 20mm×18mm),要求试样面与玻璃表面平齐。

块状样品尺寸大小不超过 20mm×18mm。将表面研磨抛光后用橡皮泥将样品粘在铝样品支架上,样品表面与铝支架表面平齐。

取微量样品放入玛瑙研钵中研细后放置于单晶硅样品支架上,滴数滴无水乙醇使微量样品在单晶硅片上分散均匀,待乙醇完全挥发后即可测试。

薄膜样品制备:将薄膜样品剪成合适大小,用胶带纸粘在玻璃样品支架上即可。

2. 开机前的准备和检查

将制备好的试样插入衍射仪样品台,盖上顶盖,关闭防护罩,开启水冷系统。关闭 X 光管窗口,管电流、管电压表指示应在最小位置;接通总电源和稳压电源。选择 Cu 靶($K\alpha$=1.54Å)为阳极靶;发散狭缝(DS)和防散射狭缝(SS)选用 1°;接收狭缝(RS)选择 0.3mm。

3. 开机操作

开启衍射仪总电源,启动循环水泵,数分钟接通 X 光管电源。缓慢升高管电压、管电流至需要值。打开计算机 X 射线衍射仪应用软件,设置合适的衍射条件及扫描范围、扫描速度等参数,开始样品测试。

4. 关机

测量完毕后保存和打印数据。缓慢降低管电流、管电压至最小值，关闭X光管电源；取出试样，15min后依次关闭循环水泵、水源、衍射仪总电源、稳压电源及线路总电源。

测试完毕，将数据存入磁盘供随时调出处理。原始数据需经过曲线平滑、$K\alpha_2$扣除、谱峰寻找等步骤，再打印试样衍射曲线和d值、2θ、强度、衍射峰宽等供分析鉴定。

五、温馨提示

(1) 样品的细度应严格控制，否则，颗粒中能够产生衍射的晶面减少，使衍射强度减弱，影响检测的灵敏度；样品颗粒过细，则会破坏晶体结构，同样会影响实验结果。在制样过程中，由于粉末样品需要制成平板状，因此需要避免颗粒发生定向排列和取向，从而影响实验结果。在加工过程中，应防止由于外加物理或化学因素而影响试样原有的性质。

(2) 对新的和超过100h未用的X光管，需进行正常老化；超过24h但不超过100h未使用的X光管，需进行快速老化。

六、开动脑筋

(1) 简述X射线衍射分析的特点和应用；X射线谱图分析鉴定应注意什么问题？

(2) 粉末样品制备有几种方法？应注意什么问题？

(3) 粉末衍射法中，为何对于粉末样品颗粒的细度要严格控制？颗粒过粗或过细对结果测试有何影响？

实验扩展　物相分析

(1) 结合硬石膏(硫酸钙)粉末衍射图及PDF卡片库对其物相进行分析。X射线衍射图和对应的PDF卡片如图3-19、3-20所示。

(2) 结合碳酸钙粉末的X射线衍射图对所测碳酸钙粉末的物相进行分析。

(3) 鉴定结果要求写出样品名称(中英文)、PDF 卡片号、实验数据和标准数据三强线的 d 值、相对强度等,并进行简单误差分析。

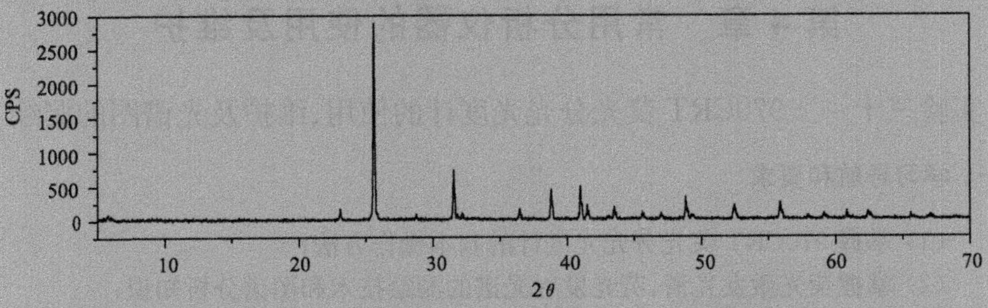

图 3-19　硬石膏(硫酸钙)粉体 XRD 图谱

74-1782

$CaSO_4$

Calcium Sulfate

Rad.: CuKa1　λ: 1.54060　Filter:　d-sp: Calculated
Cut off: 17.7　Int.: Calculated　I/Icor.: 1.75
Ref: Calculated from ICSD using POWD-12++, (1997)
Ref: Hoehne. E., Kristallografiya. 7. 690 (1962)

Sys.: Orthorhombic　S.G.: Bbmm (63)
a: 6.23　b: 6.98　c:6.97　A: 0.8926　C: 0.9986
α:　β:　γ:　Z: 4　mp:
Ref: Ibid.

Dx: 2.983　Dm:　ICSD #: 027711

Peak height intensity. R-factor: 0.125. C.D. Cell: a=6.970. b=6.980. c=6.230. a/b=0.9986. c/b=0.8926. S.G.=Bmmb(63). PSC: oC24. Mwt: 136.14. Volume[CD]: 303.09.

Wavelength=1.54060　C

2θ	Int	h	k	l	2θ	Int	h	k	l
19.092	2	1	0	1	57.970	25	1	3	3
22.980	51	1	1	1	59.221	27	0	4	2
25.502	999 *	0	2	0	59.221		0	2	4
25.502	*	0	0	2	60.866	28	2	0	4
28.634	25	2	0	0	60.866		4	1	0
31.423	353	2	1	0	61.275	11	3	3	1
32.052	34	1	2	1	61.275		3	1	3
36.404	70	0	2	2	62.452	45	2	1	4
38.741	196	2	2	0	65.602	24	4	2	0
38.741		2	0	2	65.602		4	0	2
40.920	201	2	1	2	65.950	8	3	2	3
41.447	61	1	0	3	67.125	25	2	2	4
43.467	64	1	3	1	67.125		4	1	2
43.467		1	1	3	68.909	6	1	4	3
45.541	44	3	0	1	70.363	1	1	5	1
46.956	33	2	2	2	70.466	1	1	1	5
47.465	2	3	1	1	71.600	41	4	2	2
48.816	141	2	3	0	73.048	13	4	3	0
49.297	30	1	2	3	74.476	47	2	5	0
52.391	62	0	4	0	74.476		2	3	4
52.472	70	0	0	4	77.324	9	0	4	4
52.918	4	3	2	1	77.808	1	5	0	1
55.891	128	2	3	2	78.822	33	4	3	2
56.271	5	1	4	1	79.232	3	5	1	1

2θ	Int	h	k	l
80.152	17	2	5	2
81.981	4	1	5	3
81.981		1	3	5
82.928	19	0	6	0
83.073	26	0	0	6
83.073	26	4	0	4
83.382	15	3	4	3
84.515	8	4	1	4
84.753	5	3	5	1
86.094	1	1	6	1
88.544	18	0	6	2
88.661	43	4	4	2
88.661	43	4	2	4
89.954	1	2	6	0

图 3-20　硫酸钙斜方晶型标准 PDF 卡片

第4章　常用分析仪器的使用及维护

实验三十一　970CRT荧光分光光度计的使用、维护及光谱图的测绘

一、学习导航和要求

(1) 掌握970CRT荧光分光光度计的基本操作方法；

(2) 掌握荧光激发光谱、荧光发射光谱的测绘技术和图谱分析知识；

(3) 了解荧光分光光度计简单的故障处理和维护保养方法。

二、实验原理

(1) 荧光激发光谱的测绘。激发光谱(excitation spectrum)是在激发光波长连续变化时，某一固定荧光测定波长下测得的该物质荧光强度变化的图像。测定激发光谱时，先固定λ_{em}，使测定的荧光波长保持不变，后自动按设定的λ_{ex}范围由200～800nm扫描，所绘出的曲线就是该荧光物质的激发光谱，它反映了激发光波长与荧光相对强度之间的关系，为荧光分析选择最佳激发光波长提供依据。

(2) 荧光光谱的测绘。荧光发射光谱简称荧光光谱(fluorescence spectrum)，如果固定最佳λ_{ex}，使激发光波长和强度恒定，然后自动按设定的λ_{em}范围，从200～800nm进行扫描，所获得的光谱就是荧光光谱。它表示在该物质所产生的荧光中，各种不同波长发射荧光的相对强度，为进行荧光分析选择最佳测定波长提供依据，也可用于荧光物质的鉴别。

三、实验必备

荧光分光光度计，稳压电源，容量瓶，洗瓶；10mg/L核黄素溶液，1%HAc等。

四、仪器的安装要求

1. 安装场所

970CRT荧光分光光度计是目前国内较为先进的荧光分光光度计，为充分发挥仪器的性能，使其长期处于稳定状态下工作，仪器安装应满足下列条件：

(1) 测定时的室温应在5～30℃，应避开阳光直射，相对湿度不大于85%。

(2) 周围应没有振动、强磁场、强电场，附近没有产生高频波的机器。

(3) 不存在腐蚀性气体和紫外范围有吸收的有机、无机气体。

(4) 安置在灰尘少的工作室，有稳压装置，电源的稳定性适应仪器要求。

(5) 应在恒温、恒压、恒湿、无尘、无污染、无腐蚀的条件下工作。

2. 电源

(1) 970CRT 荧光分光光度计使用电源为 220V、50Hz 电源波动小于 10%的交流电源，所用保险丝为 5A。

(2) 970CRT 荧光分光光度计用计算机进行控制和数据处理，故应避免与产生尖峰脉冲信号的机器、仪器等共用同一电源。

3. 光源安装

氙灯安装在光源室内，将氙灯负极连接处有黑色或红色的标记对准灯管螺钉方向，将氙灯插入灯座。此时注意不要触摸氙灯的灯管表面，若手触摸了表面，用浸有酒精的纱布仔细擦拭。因灯管表面留有指纹，点灯时可能会导致灯管破裂，要特别注意。

将氙灯固定后，将正极软线端子套入氙灯的正极，用滚花螺母固定。关闭光源室内滑板，固定并装上光源室盖。

五、动手实践

接通稳压电源，打开氙灯开关，氙灯点亮后，依次打开主机开关、打印机电源和计算机电源，输入密码，工作站进入系统初始化(约需 5min)。然后进入工作状态视窗，初始化后仪器的工作状态(位置)为：λ_{ex} 350nm、λ_{em} 397nm；狭缝 λ_{ex} 10nm、λ_{em} 10nm；扫描速度：高速；扫描范围：λ_{ex} 200～800nm、λ_{em} 200～800nm；灵敏度：第一挡(最低挡)；扫描方式：λ_{em}扫描。初始化后进入操作界面。上行为开工菜单，下行为快捷操作键。

将待测溶液(如维生素 B_2 等)装入处理好的荧光液池，放入试样室，将拉盖拉好。用鼠标点击屏幕开工菜单的 “定性分析”、再点击“图谱扫描”→“参数设定”→“扫描范围”→“Ex”，此时“Ex”扫描范围为 200～800nm，“Em”设定为 532nm，时间扫描定为 1min。再点击“灵敏度”设定为 2；“扫描速度”设定为高速；Ex、Em 的缝宽均设为 10nm。然后点击“确定”→“开始扫描”(绿灯灭，红灯亮)。扫描结束后，点“保存”，设定需保存图谱的文件名后，再点 “保存”或键盘上的“Enter”键，“退出”。

点击“定性分析”→“图谱分析”→“打开图谱”，查找并点击保存的图谱文件名，点“选中”→“确定”，进入图谱分析功能，拉动指示线，对图谱的波长及其相对荧光强度进行具体分析，确定最佳激发光波长，并可以用打印机打印激发光图谱。

仿此操作步骤，可以设定最佳参数，测绘、分析并打印荧光光谱。实验完毕，依次关闭计算机电源→打印机电源→主机电源→氙灯电源→稳压电源。

六、温馨提示

(1) 初始化时，不要对计算机进行任何操作。

(2) 参数的设定可以利用中文对话框，根据需要逐一设定。

(3) 测量结束后必须回到第一挡灵敏度(在灵敏度设定窗口中设定)后再进行一次手动清零进行恢复，然后进行一般测量。

(4) GOTO λ 键由鼠标单击该键将 Ex、Em 设定到所需的波长(但不能同时设定到零波长位置)。

(5) 扫描控制：一般定性分析选用快速，定量分析选择慢速。浓度高的样品选用较窄狭缝；反之，选用较宽狭缝。狭缝：λ_{ex}：2nm、5nm、10nm、20nm 4 挡；λ_{em}：2nm、5nm、10nm、20nm、30nm、40nm 6 挡。波长精度：±2nm；扫描时间：1min、5min、10min、15min、20min、30min 6 挡；扫描速度：特快、快、中、慢 4 挡，自动调零方式。

(6) 工作站由 586 计算机扩展而成，采用高级软件管理整个系统，由于主机工作状态复杂，数据量大，计算机负担较重，故对用作工作站的计算机绝不能像一般计算机使用，更不能当作游戏机，严禁在工作站上娱乐。工作站不能与因特网连接，否则一旦引进病毒，工作站瘫痪，后果不堪设想，而由此造成的损失，即使在保修期内厂家也不予负责。

实验扩展 **如何进行荧光定量分析**

(1) 标准曲线的绘制。用鼠标点击屏幕上的“定量分析”→“标准曲线绘制”，首先测定本底或输入本底值。输入已知标准浓度值，测定“INT”值，逐一将标准溶液测定完毕(1～9 个标准溶液)。选择拟合次数，然后按下“拟合”键，显示出标准图谱，自定义图谱名，点击“保存”→“退出”。

(2) 试液的测定。利用浓度测定快捷键进入浓度测量的“定量分析”，选择“标准曲线”并打开，试液定量分析要和打开的“标准曲线”测定条件相同。放入试液或背景样品后，测定“INT”值或背景值。在标准曲线上对应显示试液“INT”值和浓度或背景值。测量结束后必须用打印机把数据打印保存。

实验三十二　多型号原子吸收分光光度计的操作规程

一、M6 型原子吸收分光光度计火焰法操作规程

打开稳压器电源和主机电源(右侧后部),仪器自检,左侧后部 Standby 指示灯快速闪动→打开计算机→启动 Solaar 软件,此时工作站软件与主机会建立通信,指示灯闪动变慢时仪器自检完成。如果主机与工作站未建立通信,则下拉“动作”菜单,在“通信”中选择“连接”来建立通信。

(1) 点击,安装空心阴极灯。点击“元素”栏对应的空框,在元素表中选择待测元素,正确设置灯信息(最大电流、预热电流等,其中设置的电流为灯的最大额定电流的 30%～50%);点击“灯座位置”设置灯的安装位置,灯座会自动将位置对准安装口,装上空心阴极灯,在“状态”栏中点击“开”,则灯被点燃;点击关闭,设置完成,仪器预热 15min 以上。

(2) 点击,编制新操作方法或载入已存操作方法。编制新操作方法:在“概述”中点击“新建”,设置方法名称、操作者,在“技术”中选择火焰,在“序列”中空白处点击右键选择“试样空白”,在空白处点击右键,选定“试样”并设定样品数目(必要时可在“样品详细信息”中设定样品信息);“光谱仪”中,各项指标均有仪器推荐值,一般不做修改(也可根据测试要求修改,波长小于 230nm 时才需选择背景校正);“火焰”中设置火焰类型、燃气流量等参数,一般均直接采用仪器推荐值;“校正”中设置方法、浓度单位,输入标准曲线浓度,设定可接受的拟合程度;设置后点“确定”。

(3) 打开墙壁上的排废气系统开关,并打开空气压缩机、调节空气出口压力 0.25～0.30MPa(推荐值 0.26MPa,已调好,勿动);打开乙炔气阀门、调节乙炔出口压力 0.06～0.09MPa(推荐值 0.07MPa,已调好,勿动)。

(4) 按住点火按钮,直至火焰点燃,稳定 1～2min,点击,调整光路,并吸喷纯水 1min,点击,仪器调零。

(5) 点击,根据提示进行分析操作。如果中途停止测试或者需测下一个元素,则直接按“熄火”钮熄灭火焰。全部测试完毕后,继续吸喷纯水 1～2min,清洗原子化器。

(6) 停止吸喷纯水,关闭乙炔总阀、烧去管路中余气;火焰自动熄灭后,按空压机“放水阀”放水,关闭空压机“压机开关”,1～2min 后关闭“风机开关”。数据处理、报告打印(详见软件操作手册)。

(7) 关闭空心阴极灯→退出 Solaar 软件→关闭主机电源→计算机电源→关闭排废气系统。

(8) 填写仪器使用登记，排掉废液桶中的水，打扫实验室卫生，检查水、气、电。

二、M6 原子吸收分光光度计石墨炉法操作规程

打开稳压器电源，并打开主机电源(右侧后部)，左侧后部 Standby 指示灯快速闪动→打开计算机→启动 Solaar 软件，仪器自检，指示灯闪动变慢，仪器自检完成。

(1) 点击，安装空心阴极灯。点击"元素"栏对应的空框，在元素表中选择待测元素，正确设置灯信息(最大电流、预热电流等，其中设置的电流为灯的最大额定电流的 30%～50%)；点击"灯座位置"设置灯的安装位置，灯座会自动将位置对准安装口，装上空心阴极灯，在"状态"栏中点击"开"，则灯被点燃；点击关闭，设置完成，仪器预热 15min 以上。

(2) 打开冷却循环水系统电源，调节压力为 0.20MPa，水温设定为 20℃(均已调好，勿动)；打开氩气总阀，调节出口压力为 0.15～0.2MPa(推荐值为 0.2MPa，已调好，勿动)；打开石墨炉电源，取下石墨炉上方的圆形小塑料盖。

(3) 根据不同应用安装各种石墨管(方法详见 SOLAAR AA 操作手册)，并在方法中设置石墨管类型(已安装好，勿动，非专业人员不得擅自操作)。

(4) 点击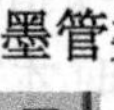来准直进样针。反复按"准直进样针"键，同时通过调节自动进样器转盘上方和底部右边两个黑色旋钮，确保进样针位于最佳位置，然后调节进样杆上的螺钉，调整插入深度(用牙医镜观察，调整方法详见 SOLAAR AA 操作手册，已安装好。非专业人员不得擅自操作)。

(5) 点击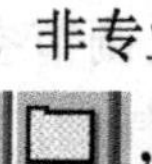，编制新操作方法或载入已存操作方法。编制新操作方法：在"概述"中点击"新建"，设置方法名称、操作者，在"技术"中选择石墨炉，在"序列"中空白处点击右键，在插入动作中选择"试样空白"，空白处点击右键，选定"试样"并设定样品数目；"光谱仪"中，各项指标均有仪器推荐值，一般不做修改(也可根据测试要求修改，其中"菜单"中有待测元素各条件的参考值，但必须选择背景校正)；"石墨炉"中设置石墨炉程序的 4 个阶段温度、时间(可直接使用或参考"光谱仪"中"菜单"上的推荐值)；"校正"中设置方法、浓度单位，输入主标准浓度，选择标准数，点击缺省比率；仪器可自动设定标准曲线(也可手动输入，必要时设定可接受的拟合程度)→"进样"：设置工作液体积→"进样准备"选择"无"→"标准制备"选择"固定体积"等各项参数(如需添加基体改进剂，则在相应的位置设置)→"序列"中点击"ASLG"，按照自动进样器装载说明将试剂和样品放入进样器样品盘的正确位置，

设置后点击确定。

(6) 点击，调整光路后，打开排废气系统，在确保石墨炉上方圆形小塑料盖已移去的情况下，点击“清洗”和“净化”，清洗进样针；点击“清洗石墨管”，空烧石墨管 1～2 次。

(7) 点击键→“分析”，仪器将自动进行分析操作。数据处理和报告打印(详见软件操作手册)。

(8) 测试完毕，关闭冷却循环水系统→关闭氩气瓶总阀→关闭空心阴极灯→退出 SOLAAR 软件→关闭石墨炉电源→关闭主机电源→关闭计算机。填写仪器使用登记，打扫卫生，检查实验室水、气、电。

三、GGX-Ⅰ型原子吸收分光光度计操作规程

1. 开机

开启稳压电源开关，安装空心阴极灯。打开主机电源开关，然后打开空心阴极灯电源开关，用灯电源粗、细调旋钮调节所需的灯电流。按下透射比选择开关(T%)，调节狭缝宽度。转动波长手动开关，调至元素分析线波长附近，用手动波长调节，采用能量峰值法，找到待测元素示值波长准确位置。采用能量峰值法，调节空心阴极灯使其处于最佳位置，即调整外光路。

2. 点火

检查并调节燃烧器高度。打开空气压缩机，调节出口压力。打开乙炔气钢瓶开关，调节出口压力为 0.08MPa 左右，左手开启乙炔气阀门，点火。

3. 测定

按下吸光度测量开关，喷入空白溶液，调节光电倍增管负高压(灵敏度调节)，将吸光度调至零。依次喷入标准系列溶液及试液，测其吸光度，记录数据，处理测定结果。

4. 关机

测定结束后，用去离子水喷雾清洗 2～3min，空烧 2～3min。关机时，先关乙炔气瓶压力调节阀，待管路内乙炔燃尽后，再关空气压缩机。然后，关闭空心阴极电源开关。将仪器各个旋钮复位，关闭光电倍增管负高压电源，最后关闭仪器总电源开关。将各种容器清洗干净，填写仪器使用记录。

四、GGX-Ⅱ型原子吸收分光光度计操作规程

1. 开机

将主机各操作钮置于适当位置，安装空心阴极灯。依次打开稳压器、总电源、调灯电流后预热 15～20min；选择分析线及狭缝宽度后，调灯及燃烧器的位置，调负高压，用“状态检查（工作选择）”检查负高压与±15V 电源是否正常。

2. 点火

关紧主机上各气体调节针阀，将“空气-一氧化二氮”钮旋至“空气”，打开排废气装置；打开空压机，调空气输入压为 2～3kg/cm²；打开助燃气针阀，旋至限压开关启动，调助燃气流量；依次打开乙炔钢瓶总阀、分阀，调节乙炔输出压力为 0.8 kg/cm²，调燃气流量后，点火。

3. 测定

依次从低浓度到高浓度测定标液和样液（最佳条件选择方法见说明书）。

4. 关机

“状态检查（工作选择）”置于“T（能量）”，吸喷蒸馏水 1min，清洗燃烧器；依次关乙炔瓶总阀、分阀和主机燃气针阀；依次关空压机、辅助气和助燃气针阀；关灯电源、总电源，其他复原。

5. 温馨提示

(1) 仪器废液管应加水封；换灯或调试时，“状态检查（工作选择）”应置于“T（能量）”；

(2) 临时停电，须先关闭燃气，再将各开关恢复到开机前状态。

五、TAS-990AFG 型火焰原子吸收分光光度计操作规程

1. 开机

(1) 打开抽风设备。

(2) 打开稳压电源。

(3) 打开计算机电源，进入 Windows 桌面系统。

(4) 打开 TAS-990 型火焰原子吸收分光光度计主机电源。

(5) 双击 TAS-990 程序图标“AAwin”，选择“联机”，单击“确定”，进入仪器初始化画面。等待仪器各项初始化“确定”后进行测量操作。

2. 设置参数

(1) 选择元素灯及测量参数。① 选择“工作灯(W)”和“预热灯(R)”后单击“下一步”;② 设置元素测量参数,直接单击“下一步”;③ 进入“设置波长”步骤,单击“寻峰”,等待仪器寻找工作灯最大能量谱线的波长。寻峰完成后,单击“关闭”。④ 单击“下一步”,进入完成画面,单击“完成”。⑤ 预热 20~30min。

(2) 设置测量样品和标准样品。① 单击“样品”,进入“样品设置向导”选择“浓度单位”;② 单击“下一步”,进入标准样品画面,设置标准样品的数目及浓度;③ 单击“下一步”,进入辅助参数选项,可直接单击“下一步”,单击“完成”,结束样品设置。

3. 点火

(1) 打开空压机(先开风机开关,再开工作开关),使压力位于 0.20～0.25MPa。

(2) 检查水封是否有水,否则加水。

(3) 打开乙炔钢瓶(逆时针打开乙炔钢瓶总开关),使压力为 0.05～0.08MPa。

(4) 点击“仪器”、“燃烧器参数”,设置燃气流量(一般为 1500mL/min),检查光斑位置是否合适,再点“确定”。

(5) 单击“点火”键,观察火焰是否点燃。

(6) 火焰点燃后,把进样吸管放入去离子水中,单击“能量”,选择“自动能量平衡”调整能量到 100%左右,再点击“关闭”,用水冲洗 5min 后做曲线。

4. 测定

(1) 标准样品测量。把进样吸管放入空白溶液,单击“测量”键,进入测量画面(在屏幕右上角),单击“校零”键 2~3 次,调整吸光度为零。点击“开始”,自动读数 3 次完成空白溶液测量。吸入第一个标准样品点击“开始”,自动读数 3 次完成一个标样测量,再吸入下一个标样,再点击“开始”,依次测完所有标样后,把进样吸管放入去离子水中,单击“终止”按键。

(2) 样品测量。进样吸管放入空白溶液,单击“测量”键,进入测量画面(屏幕右上角),单击“校零”键,调整吸光度为零。吸入第一个样品,单击“开始”键测量,自动读数 3 次完成一个样品测量。一个样品测量完毕后需把进样管放入去离子水中清洗 5～10s 再测下一个样品。测量超过 5 个样品时用去离子水清洗后重新在空白溶液中校零再测。注意事项同标准样品测量方法。

测量完成后用水冲洗 5～10min,单击“保存”,根据提示输入文件名称,单击“保存(S)”按钮。以后可以单击“打开”调出此文件,也可以点击“文件”→“输出文件”→选择 Word 或 Excel,再点击“保存”。

5. 关机

需要测量其他元素时,可先关闭乙炔钢瓶,火焰熄灭,单击“元素灯”,操作同上。如果完成测量,先关闭乙炔钢瓶(顺时针拧紧乙炔钢瓶总开关),等到乙炔钢瓶两个表指针都为零,火焰熄灭;再关闭空压机,关闭工作开关,再按下放水阀放水,直到压力为零,关闭风机开关。

退出 TAS-990 程序:单击右上角“关闭”按钮(“×”),程序出现提示信息后单击“确定”退出程序。关闭主机电源,罩上原子吸收仪器罩。关闭计算机电源,稳压器电源。15min 后再关闭抽风设备;关闭实验室总电源,完成测量工作。

六、TAS-990AFG 型石墨炉原子吸收分光光度计操作规程

1. 开机

同 TAS-990AFG 型火焰原子吸收分光光度计。

2. 设置参数

如果当天第一次开机,最好在火焰状态下寻峰后再转换到石墨炉法。

(1) 选择元素灯及测量参数。① 选择“工作灯(W)”和“预热灯(R)”后单击“下一步”;② 设置元素测量参数,直接单击“下一步”;③ 进入“设置波长”步骤,单击“寻峰”,等待仪器寻找工作灯最大能量谱线的波长,寻峰完成,单击“关闭”。④ 单击“下一步”,进入完成设置画面,单击“完成”。⑤ 预热 20~30min。

(2) 转换石墨炉测量方法。① 取出石墨炉和火焰燃烧头之间的挡板,打开仪器上下盖板。② 单击“仪器”,出现下拉菜单,选择“测量方法”弹出测量方法设置窗口,选择“石墨炉”,单击“确定”。约等待 3~4min 石墨炉移到光路,测量方法设置窗口消失。③ 打开石墨炉电源,打开氩气,调节分表压力为 0.5MPa;打开水管(缓慢打开水龙头),观察水压是否正常。④ 装石墨管:单击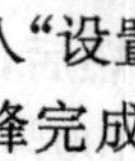

按钮,仪器自动打开石墨炉锁紧装置,同时计算机提示“石墨炉炉体已经打开”。请在装上石墨管后,按“确定”键。

(3) 调节原子化器位置及能量。① 单击“仪器”,出现下拉菜单选择“原子化器位置”,弹出原子化器位置调节窗口,左右移动调节滚动条,单击“执行”按钮,观察显示屏下面位置能量显示,尽量调节能量到最大,一般调节在 50%以上就可以。调节完成后单击“确定”。② 调节石墨炉体的高低位置使能量最大(手动调),此时可用小纸片观察元素灯光斑是否在石墨炉炉体光路小孔中间位置通过,通过石墨

炉体后光斑完整且较实。③ 单击

，弹出“能量调试”窗口，单击“自动能量平衡”，调节能量到 100%左右。

(4) 设置加热程序及参数。① 单击“参数设置”按钮

，弹出“测量参数”窗口，在“常规”窗口设置测量重复次数，(一般设置 2～3 次即可)；单击“显示”按钮，设置吸光度范围，(一般在－0.01～1.0)；单击“信号处理”按钮，单击“确定”完成参数设置。② 单击“加热程序”按钮

，弹出“石墨炉加热程序”设置窗口，根据不同元素及参考资料设置加热程序，冷却时间一般设为 40～60s(温度 2000℃以下 40s，2000℃以上 60s)。

(5) 设置测量样品和标准样品。① 单击“样品”，进入“样品设置向导”选择“浓度单位”。② 单击“下一步”，进入标准样品画面，根据所配制的标准样品设置标准样品的数目及浓度。③ 单击“下一步”；进入辅助参数选项，可以直接单击“下一步”；单击“完成”，结束样品设置。

3. 测定

先空烧烧干净石墨管，单击“测量按钮”

，用微量进样器吸入 10μL 样品注入石墨管中，单击“开始”按钮进入石墨炉测量，等待读数完成。同一个样品测量的重复次数与参数设置有关，一般一个样品测量 3 次后再测量下一个样品。测量不同浓度的样品一定要洗 3 次进样管。

完成测量后，如果需要打印，单击“打印”，根据提示选择需要打印的结果；如果保存结果，单击“保存”，根据提示输入文件名称，单击“保存(S)”按钮。以后可单击“打开”调出此文件。

如果需要测量其他元素，单击“元素灯”，操作同上。

4. 关机

完成测量后，关闭氩气、水源。关闭石墨炉电源。退出 TAS-990 程序：单击右上角“关闭”按钮(“×”)，程序出现提示信息后单击“确定”退出程序。

关闭主机电源，罩上原子吸收仪器罩。关闭计算机电源，稳压器电源。15min 后再关闭抽风设备；关闭实验室总电源，完成测量工作。

七、Z-2000 型原子吸收光谱仪操作规程

1. 开机

打开抽气机开关。打开循环冷凝水装置：打开电源，调节合适的温度值。打开

乙炔气源：将乙炔钢瓶开关打开，使出口压力达到 $1kg/cm^2$。打开空气压缩机电源开关。

打开电源开关。先开计算机电源，5s 后再开原子吸收光谱仪主机电源。在 Moni→联机状态→On-Line。在“Analysis Mode”处选择“Flame/Manual”。在“Analysis Name”处输入待测元素或分析者姓名。

在“Comment”处输入待测样品基体等。选“Element”窗口依次输入待测元素、灯位置和测量顺序后点击 OK。选“Instrument”窗口依次输入仪器条件。选“Analytical Method”窗口依次输入分析条件。选“Working Curve Table”窗口依次输入测量条件或工作曲线。

选“Sample Table”窗口编辑样品表。

2. 点火

点击“Verlfy”→“Condition Set”转换到“Moni”。通入冷却水，空气和燃气→点火→吸喷去离子水→调零→按“Ready”。

3. 测定

开始测量点击“Start”，依次测量标准样品后自动生成工作曲线（自己检查工作曲线，若符合分析要求则继续，不符合分析要求点击“Stop”后返回“Ready”重新测量）。

依次测量未知样品结束后点击“End”，选“Data”窗口打印实验报告。仪器吸喷去离子水 5min，洗净管道和喷雾装置。

4. 关机

关闭燃气、空气和冷却水，计算机退出 Z-2000 系统，关闭计算机和主机，关闭抽气机，关闭实验室水源、气源和电源。

实验三十三　旋光仪的使用与维护

一、学习导航和要求

(1) 熟悉旋光物质的一般基本概念和特性；

(2) 了解旋光仪的使用方法和维护知识。

二、旋光物质与旋光仪

一般光源发出的光，其光波在垂直于传播方向的一切方向上振动，这种光称为自然光，或非偏振光，而只在一个方向上振动的光称为平面偏振光。当一束平面偏振光通过葡萄糖、果糖、淀粉等物质时，其振动方向会发生改变，光的振动面旋转一定的角度，这些物质称为旋光物质，这种现象称为物质的旋光现象。旋光物质使偏振光振动面旋转的角度称为旋光度，测定旋光物质旋光度的仪器称为旋光仪。

三、旋光仪的使用方法

(1) 开启电源开关，约 5min 后钠光灯发光正常，可开始工作。

(2) 检查仪器零位是否准确，即在仪器未放试管或放进充满蒸馏水的试管时，观察零度时视场亮度是否一致。如不一致，说明有零位误差，应在测量读数中减去或加上该偏差值，或微微转动度盘盖来校正。

(3) 选取适宜的试管，注满试液，装上橡皮圈，旋上螺帽，直至不漏水为止。螺帽不宜旋得太紧，否则护片玻璃会引起应力，影响读数。然后将试管两头残余溶液揩干，以免影响观察清晰度及测定精度。

(4) 测定旋光读数，转动度盘、检偏镜，在视场中觅得亮度一致的位置，再从度盘上读数。读数为正是右旋物质，为负是左旋物质。

(5) 旋光度与温度有关，对要求较高的测定，最好在(20±2)℃下进行。

四、旋光仪的维护

(1) 测试管由于加工过程存在一定误差，测试前一定要对测试管校零：将蒸馏水注入试管中，对仪器进行调零。

(2) 测试时要注意温度校正：用等级为 0.1℃的数字温度计记录测试箱内的温度，并对照 t℃时旋光度 α_t 与 20℃时的修正曲线进行旋光度的修正。

(3) 测量时要按左、右复测键反复读数，取平均值。

(4) 测量时要把测试箱盖子盖上，以免有光漏到光电倍增管，导致仪器示值不稳定。

(5) 电源接地要良好，保证仪器的稳定性和安全。

(6) 仪器久不使用，应经常通电检查，使其处于良好状态。

实验三十四　电导率仪的使用和水溶液电导率的测定

一、学习导航和要求

(1) 熟悉并掌握电导率仪的操作方法；

(2) 了解测定过程中的注意事项，掌握溶液电导率值的测定方法。

二、实验原理

在一定温度下，溶液中所含电解质的量与电导率呈线性关系，用电导率校正缓冲液校准仪器后，即可直接测定溶液的电导率值 κ。

三、实验必备

哈纳 EC214 型或 DDSJ-308A 等型号电导率仪，电导率校正缓冲液；去离子水，蒸馏水，自来水等。

四、动手实践

将 12V 直流变压器插入电源插孔，按“ON/OFF”键使仪器预热 10min，将电导电极放入高纯水中，并按下表选择电导率校正缓冲液。

溶液测量范围	选择电导率校正标准值(25℃)	对应型号及包装容量
20～199.9μS/cm	84μS/cm	HI7033M 或 HI7033L
200～1999μS/cm	1413μS/cm	HI7031M 或 HI7031L、HI8031L
2.00～19.99mS/cm	12.88mS/cm	HI7030M 或 HI7030L
20.00～199.9mS/cm(用电极常数 10 时)	80mS/cm	HI7034M 或 HI7030L

将少许电导率校正缓冲液倒入塑料容器内，将清洗、擦干、处理好的电导电极和温度传感器轻轻浸入校正缓冲液。在电导率测量状态下，按“电极常数”键，选择并设定“1.0”，按“▲”或“▼”调节至所用电极的电极常数值后，按“确认”键，仪器返回测量状态。按“标定”键，进入校正缓冲液的电导率标定，按“▲”或“▼”可调节读数至所用校正液 25℃时的标准值，如 1413μS/cm。按“确认”键，仪器校正完毕，并进入测量状态。将电导电极用高纯水清洗后，可依次测定去离子水、蒸馏水、自来水等溶液的电导率值，保存或及时记录、写出实验报告。

五、温馨提示

(1) 校正一旦完成，所有随后的测量都在 25℃下进行。

(2) 如果仪器显示“1”或“溢出”，则超过测量范围，可选择更高的测量范围或关机后选择电极常数更大的电极进行测量。

(3) 校准超过一个月，必须重新校准。

(4) 按被测介质电导率选用不同常数的电极，当介质电导率小于 0.1μS/cm 时，选用 $0.01cm^{-1}$ 常数的电极；电导率在 0.1～1μS /cm 时，选用 $0.1cm^{-1}$ 常数的电极；电导率在 1～100μS /cm 时，选用常数为 $1cm^{-1}$ 的 DJS-1C 型光亮电极；电导率为 100～1000μS/cm时，选用 DJS-1C 型铂黑电极；电导率大于 1000μS /cm 时，选用 DJS-10C型铂黑电极。测量时电极应完全浸入溶液中，否则会引入较大误差。

六、开动脑筋

(1) 如果电导电极的主体材料为 PVC 塑料，使用时应注意哪些问题？

(2) 为什么仪器在测量时应避免周围有收音机和电视机开放？为什么不允许在微波炉内进行任何测定？

阅读材料　电导电极的维护

(1) 每次测量后用高纯水清洗电极，用吸水纸擦拭后再进行下次测量。

(2) 如仪器显示"溢出"，则说明所测值已超出仪器的测量范围，此时用户应马上关机，换用电极常数更大的电极后再进行测量。

(3) 电极有光亮和镀铂黑两种，镀铂黑的目的在于增加电极片的有效面积，防止和减弱电极的极化，测量电导率大的溶液，使用镀铂黑电极比较适宜。

(4) 对镀铂黑的电极，使用前可浸在去离子水中。为确保测量精度，电极使用前用小于0.5μS/cm 的蒸馏水(或去离子水)冲洗两次，然后用被测试样冲洗3次后方可测量。

(5) 铂黑镀层脱落或褪色时，则铂黑必须重新电镀，以保证所测数据的准确性。

(6) 电极定期用中性清洗剂清洗或用10%的稀盐酸短时浸泡，然后用纯水清洗干净，以保持表面清洁。

实验三十五　离子分析仪的使用、电极转换系数 K_{ir} 和溶液 pH 的测定

一、学习导航和要求

(1) 熟悉 PXSJ-216 型离子分析仪的安装、开机使用等基本操作；

(2) 掌握溶液 pH 和电极转换系数 K_{ir} 的测定方法。

二、实验必备

PXSJ-216 型离子分析仪，pH 玻璃电极，甘汞电极或 pH 复合电极，T-818B-6 型温度传感器；pH 标准缓冲溶液，去离子水，自来水，$NaHCO_3$ 溶液等。

三、动手实践

1. 仪器安装

将电极对及温度传感器安装在电极支架上，拔去测量电极1插座，将电极对接线接入仪器相应位置(注意：一个测量电极插口接测量电极，另一个插口必须接上短路插头，否则仪器无法进行正确测量)。温度传感器插入传感器插座上，将通用

电源器插入电源插座内。

2. pH 斜率校准与电极转换系数 K_{ir} 的测定

按下“ON/OFF”键，数秒后，仪器自动进入电位测量状态。按下“取消”键，检查电极是否在相应的插口接通后，按“确认”键。按下“pH/8”，仪器进入 pH 测量状态，按“校准/5”键，进入 pH 斜率校准状态，开始时为一点校准，将处理好的电极对浸入 pH4.003 的标准缓冲液中，稍停，轻轻摇匀，仪器同时显示当前的 pH 和温度值。

等屏幕显示稳定后，按“确认”键，仪器即完成一点校准，屏幕显示出电极的理论斜率值为 59.159，并提示是否进行二点校准。此时，若按“取消”键，一点校准结束，进入 pH 测量状态。若按“确认”键，即可进行二点校准，将清洗好的电极对放入 pH9.18 的标准缓冲液中，轻轻摇匀，屏幕显示当前的 pH 和温度，等显示稳定后，按“确认”键，屏幕显示出所用电极的实际斜率值。所用电极的实际斜率值与理论斜率值 59.159 的比值即为该电极的转换系数 K_{ir}，通常用百分数表示。**此值越大表明该电极遵循能斯特响应的本领越高，质量越好。一支合格的电极，其 K_{ir} 至少应大于 90%。**

3. 溶液 pH 的测量

按“确认”键，仪器完成斜率校准，返回 pH 测量状态。将清洗好、用吸水纸吸干净后的电极对放入被测试液中，轻轻摇匀试液，待屏幕显示稳定后，直接读取并记录待测试液的 pH。依次测定去离子水、自来水、$NaHCO_3$ 等各溶液的 pH，记录，列表报告测定结果。

四、开动脑筋

(1) 测定 pH 时，温度是否影响测定结果？如何进行校正？

(2) 测定前，为什么要用 pH 标准缓冲液校准仪器的斜率？怎样选择合适的 pH 标准溶液？

(3) 每次测定后，为什么要用水洗涤电极对并用吸水纸吸干残余水？

(4) pH 玻璃电极测定溶液前，应当进行怎样的预处理？为什么？

(5) 安装电极时，应采取哪些措施防止 pH 玻璃电极的玻璃球泡损坏？

五、PXSJ-216 型离子分析仪简介

仪器可以测量溶液的电位、pH、pX、浓度值和温度，其测量信号用大屏幕液晶显示，用轻触式按键操作，具有人机部分对话功能，具有多种斜率校准和断电保护功能，在关机或非正常断电情况下，仪器内部储存的测量数据，校准好的斜率值以及设置的

参数不会丢失，测量结果可以储存、删除、查询、打印或传送至计算机。

测量范围：mV　0～±1800.0 mV；

pH/pX　0.000～14.000；

温度：－5.0～105.0℃；

正常工作条件：环境温度 5.0～35℃，相对湿度≤75%；

电源：直流通用电源（＋9～＋15V，300mA，内正，外负）。

周围无影响性能的振动存在，空气中无腐蚀性的气体存在，环境无电磁场干扰。

实验三十六　Trace GC-Polaris Q 气相色谱-质谱联用仪操作规程

一、学习导航和要求

（1）了解 Trace GC-Polaris Q 气相色谱-质谱联用仪的基本操作程序和要求；

（2）熟悉 Trace GC-Polaris Q 气相色谱-质谱联用仪的开机使用技术。

二、实验必备

Trace GC-Polaris Q 气相色谱-质谱联用仪；氦气，氮气瓶，微量注射器等。

三、动手实践

依次开启氦气（0.4～0.5MPa）、计算机电源、GC 电源、MS 电源。双击计算机桌面的“Polaris Q Tune”图标，待“Status” 准备好后，开始抽真空。待真空度降至 100mTorr 以下，设定离子源温度。

双击“Xcalibur” 图标，进入色质联用工作站，设定气相色谱条件：进样口，柱箱温度，传输线温度，载气流量，分流比等；质谱条件：电离方式和条件，数据采集模式和范围，保存编辑好的方法，并发送到仪器。

进样方式选择：自动进样或手动进样。用样品洗注射器 5～10 次，每次 2～3μL。在计算机上调用上述编辑好的方法，待色谱及质谱均为“Ready to download”时（若选择自动进样，则自动进样器也需为“Ready to download”），可以进样。按“Start”键，计算机自动采集数据。所得数据按 TIC 图或质量色谱图的峰面积、峰高定量；质谱图用质谱数据库检索。

四、关机及维护

使用完毕，设置“System Off”，关闭计算机显示器电源；无特殊情况或长假，仪器不关机。先将离子源、接口、进样口及柱箱温度降低（＜100℃），在“Instrument”下点击“Shutdown”，倒计时 10min 后点击，弹出“OK”，关闭窗口，关闭质谱电源，

10min 后，关色谱电源和计算机，关闭氦气源。

在记录本上详细记录使用情况。注意仪器进行如下日常维护：① 每周清洗一次质谱风扇的过滤网。② 每 3 个月处理一次真空泵干燥剂，每半年更换一次真空泵油。

五、温馨提示

(1) 动手实践前，应通读仪器说明书，提前做好准备工作。

(2) 应在实验指导教师具体指导下进行实验。

(3) 遵守实验室的安全规章制度，严格操作规程，防止各种事故发生。

实验三十七　LC-10ATvp 高效液相色谱仪操作规程及维护要点

一、学习导航和要求

(1) 了解 LC-10ATvp 高效液相色谱仪的基本操作程序和要求；

(2) 熟悉 LC-10ATvp 高效液相色谱仪的开机使用技术；

(3) 熟悉 LC-10ATvp 高效液相色谱仪的基本维护要点。

二、实验必备

LC-10ATvp 高效液相色谱仪；甲醇、乙腈等。

三、动手实践

用流动相水系滤膜和有机系滤膜分别过滤实验用二次蒸馏水、甲醇或乙腈，按实验所需比例混合后再放在超声波清洗器中超声 10～15min，去掉杂质和气泡，备用。样品也分别用样品水系滤膜和有机系滤膜过滤。

将仪器滤头放入流动相中，打开泵的电源开关，逆时针打开 PURGE 阀，大于 90°，小于或等于 180°，排液约 1min，确认管路中无气泡，就顺时针关紧PURGE 阀。按"FUNC"键，按实验条件设定好所需流速、最大压力、最小压力。按"PUMP"键，洗脱系统。按 SPD-10Avp 的"POWER"键，仪器通过自检后，按"FUNC"键，按实验条件设定好所需波长和吸光度范围。

打开柱温箱开关，设定好实验所需柱温。打开计算机电源，双击"N3000 色谱工作站"图标，进入通道 1，点击"开始采集"，观察基线(注意：新柱子一般需平衡 2h)，基线稳定后，进样准备开始，在工作站中点击"实验信息"，编辑实验信息和仪器条件。

点击"样品设置"编辑样品名称、类型、采样控制参数、文件保存方式等，并点击"采用"。点击"方法"，选择相关分析方法，积分参数，如用内标法和外标法需编辑组分表。点击“另存方法”,取一个方法名 。

将样品吸入进样针中,至少 40μL,首先“Inject”状态下插入针,返回“Load”状态缓慢进样,进样完成后,快速切换的“Inject”状态触发自动采集数据。进样完成后,针停留至少 2 min 后再拔出,之后清洗手动进样口。

数据采集完成后,点击“停止采集”。“预览”就出现报告和图谱。并可以用“风格”键修改报告内容,也可以在“再处理”“打开”中进行离线报告和图谱处理。

关闭工作站,关闭各个部件电源。

四、温馨提示

(1) 如使用缓冲盐流动相,分析完成后先使用甲醇+水(1+9)以 1mL/min 流速清洗管路 30min,然后用 100%甲醇以 1mL/min 流速清洗管路 30min,直到压力恢复如初。

(2) LC-10ATvp 高效液相色谱仪所使用流动相必须为色谱纯,当样品数据采集完成后,根据流动相的不同采用不同的清洗过程。总之,最终要保证流路中使用有机相保存。

(3) 上述过程为常规反相 LC-10ATvp 高效液相色谱仪流程,如使用正相,请注意色谱柱及流动相的选择。

(4) 分析结束后,确认各部件电源是否关闭。

五、日常维护

(1) 常规 ODS-C18 色谱柱的 pH 使用范围为 2～7.5。

(2) LC-10ATvp 高效液相色谱仪管路 PEEK 配管具有一定的局限性,流动相不能用丙酮、二氯甲烷、二氯乙酸、DMSO(二硫亚砜)、氯仿等。

(3) LC-10ATvp 高效液相色谱仪所使用水应为高度纯化水,至少应使用二次蒸馏水。

(4) 在短波 205nm 以下检测时,使用 CH_3CN 流动相。

实验三十八　ICS-90 型离子色谱仪的使用及注意事项

一、学习导航和要求

(1) 熟悉 ICS-90 型离子色谱仪的开机使用等基本操作;

(2)了解离子色谱仪进样测定的基本方法及注意事项。

二、实验必备

ICS-90 型离子色谱仪;待测试液,0.45μm 水系滤膜,纯水等。

三、动手实践

打开仪器电源，开启氮气总开关，分压表调至0.2MPa左右，仪器上的压力表调至5psi(注：1psi＝6.894 76×10^3Pa)左右。启动计算机。在计算机右下角，出现红色打“×”变色龙图标，如果没出现上图图标则点击计算机左下角“开始”，点击“程序”，选择“Chromleon”下的“Server monitor”，点“Start”键启动后关闭，则计算机右下角托盘区出现灰色变色龙图标。

双击桌面上变色龙图标进入工作站。点击软件左上角的绿色变色龙图标(软件根目录 OK_local)，右边即出现根目录内容，最下面为仪器的控制面板：ICS-90_System. pan，双击打开。

控制面板的左边为仪器的控制区，右边为采集信息窗口。点击左上边的“Connect”，使软件与仪器之间建立起连接。

旋松泵头上的快速冲洗阀，再点击控制面板中间“Pump”模块中的“On”，即开泵清洗流路中存在的气泡，约2min后待气泡排完，在软件中停泵，再旋紧快速冲洗阀，注意不要拧得过紧，防止损坏密封圈。

点击快捷栏中的蓝色圆点图标，按“确定”键即可采集基线。

1. 单针进样测定

待基线平稳后，且控制面板左边显示的总电导完全在正常范围内(阴离子CA14A电导值为24～28μS，阳离子CS12A的电导值应≤3μS，若高于这一范围，则配淋洗液所用去离子水杂质太多不合乎要求)，即可停止采集基线。

点左边栏内的“Load”，显示为“LoadPositon”后，用100μL或1.0mL的注射器(不带针头)从前面板的手动进样口进样。进完样后，再点上图中的“Inject”，开始进样并采集。待所有峰出完后，停止采集。如果需要保存峰样，在“Save to Sequence”前打勾，选择保存路径保存。

2. 批量进样测定

待基线平稳后，且控制面板左边显示的总电导完全在正常范围内(阴离子CA14A电导值在24～28μS，阳离子CS12A的电导值应≤3μS，若高于这一范围，则配淋洗液所用去离子水杂质太多不合乎要求)，停止基线采集。

找到以前做过的标准阴离子/阳离子系列，单击选中后，点击“File”菜单下的“Save as”，保存为正准备测试的系列名之后，更改需要进样的标液和待测液的样品名。

点击快捷栏中的“Start/Stop Batch”，如果列表中有其他待测系列，则选中后点右边的“Remove”。点“Add”加入要做的系列名，再执行下边的“Ready Check”进行检查，如果无错误则按左下边的“Start”按钮，开始做系列。

按照软件跳出窗口提示，进完样后再按“确认”键进行样品的采集，按照系列中的样品顺序逐个进样并采集。做完实验后，用淋洗液冲洗流路约 10min 后，依次关泵，关闭主机电源，压力表、气瓶主阀、气瓶减压阀和稳压电源。

四、温馨提示

(1) 配制淋洗液和再生液等试剂纯度必须为分析纯以上，并用 0.45μm 水系滤膜过滤。淋洗液的浓度及配制方法参考相关说明书。

(2) 氮气瓶上的分压表压力切忌不要超过 0.5MPa，仪器上的压力表不要超过 10psi。

(3) 样品杂质太多或太脏，如地表水、污水、自来水等，一定要用 0.45μm 水系滤膜过滤，以免堵塞色谱柱或使柱效下降。

(4) 抑制器和色谱柱长时间不用，应从仪器上拆开，用堵头堵死密封保存，以免其中的液体挥干导致损坏。抑制器再次用前要用再生液活化。抑制器反压过大易使其中的微膜破裂导致损坏。

(5) 若系统压力超过上限值，则按照系统的流路连接顺序从头到尾逐段检查堵塞点，根据堵塞点位置清除堵塞。

(6) 色谱柱不能用纯水冲洗和保存。阴离子与阳离子系统互换时一定要用超纯水过渡，然后再进行测定。

实验三十九　ICS3000 型离子色谱仪操作规程细则

一、学习导航和要求

(1) 熟悉 ICS3000 型离子色谱仪的开机使用等基本操作；

(2) 了解离子色谱仪进样测定的基本方法及注意事项。

二、实验必备

ICS3000 型离子色谱仪；氢氧化钠、乙酸钠等。

三、动手实践

打开钢瓶气源开关，分压表调到 0.2～0.3MPa(不关闭钢瓶气源)；调节减压阀到3～6psi；依次打开 SP 泵、EG 淋洗液自动发生器、DC 色谱单元、AS 自动进样器和 VWD 紫外检测器电源开关。如仪器长时间不使用或更换淋洗液后，要先打开平衡泵头上的 PRIME 阀排气。打开计算机，待右下角变色龙服务器图标变灰色后，双击桌面的变色龙，打开控制面板。

开泵：根据连接的柱子设定泵流速（氨基酸 0.22；糖 PA10 为 1.0；糖 PA200 为 0.4；阴离子 1.0 或 1.2；氢氧化钾浓度 30mmol/L；阳离子 CS18 为 0.25）；设定柱箱温度（30℃）。

电导检测器：根据具体的实验条件，在控制面板 DC 页面选定抑制器类型和电流；在 CD 页面设定并开启检测器温度。

电化学检测器：在 ED 页面打开池子电压，选择"CVMODE"为"INTAMP"并选定波形（WAVEFORM）。系统达平衡，编辑运行样品表（SEQUENCE）。系统平衡好后，停止采集基线，启动样品表（依次点击 BATCH、START），选择要运行的样品表。做完样后双击打开第一个标准，点击"QNT-EDITER"，进行数据处理。

四、关机及其相关工作

1. 关机前的工作

(1) 阴离子：如果样品复杂，先用 50～60mmol/L 氢氧化钠清洗系统 15～20min，然后调到 30mmol/L 浓度清洗 30min；

(2) 阳离子：用正常淋洗液条件（5mmol/L）冲洗系统 20min；

(3) 糖 PA10：使用 0.200mol/L 氢氧化钠冲洗系统 15min，然后换用 18mmol/L 清洗 15～20min；

(4) 氨基酸：样品测定结束后走一空白梯度或进一针纯水运行 75min 的梯度；

(5) 糖 PA200：用 0.100mol/L 氢氧化钠与 50mmol/L 乙酸钠混合液运行 20min。

2. 关机

(1) 阴阳离子：将抑制器电流关掉，然后将泵逐步降为零。

(2) 氨基酸、糖：将电化学检测池电压关掉，然后将泵逐步降为零。

(3) 断开 AS、DC、EG、DP、VWD 的连接。

(4) 关闭各设备的电源（建议不要关掉氮气）。

五、温馨提示

(1) 每周更换两次泵头密封清洗液（100%水），高度在 MIN 和 MAX 之间。

(2) 更换淋洗液后要打开 PRIME 阀排气泡，排完气后不要将阀拧得过紧。

(3) 自动进样器和淋洗液 A 瓶的水要每周更换一次，以防止水中长菌污染系统；更换完自动进样器的水后要排除注射器的气泡。

(4) 柱子不用时的封存方法：用正常的淋洗液冲洗系统 1h，然后将柱子卸下用堵头封死。

阴离子：正常的淋洗液 30mmol/L 氢氧化钠；阳离子：正常的淋洗液 5mmol/L 甲

烷磺酸；氨基酸：正常的淋洗液水－250mmol/L 氢氧化钠－乙酸钠(36/24/40)；糖 PA10：正常的淋洗液 18mmol/L 氢氧化钠；糖 PA200：正常的淋洗液水－250mmol/L 氢氧化钠－乙酸钠(40/40/20)。

(5) 紫外检测器：做完试验后将氘灯关掉，用纯水将检测池中的盐冲洗干净(此时不连接柱子)，然后用红色管套将检测池进出口封住。

(6) 电导检测器：如果要更换其他检测器，需将抑制器卸下，在抑制器右边的“ELUENT OUT”和“GENEER IN”口注入 5mL 水后用死堵头密封。下次使用前在两个流路分别注入 5mL 水后活化 20min 后使用；在电导检测器进口用注射器注入 5mL 左右水，冲洗检测池，以防止长时间不用盐结晶堵塞电导检测池，然后用死堵头封死。

(7) 电化学检测器：使用完毕后，要用纯水彻底冲洗安培池，将盐洗净。然后封死进口。如果长时间不用，每隔两天用水冲洗安培池 30min；或者将参比电极拆下放入 3mol/L 氯化钾中，同时将金电极卸下用水冲洗表面后放入干净塑料袋中，将 DUMMY 电极安上。下次操作时参比电极的表面用水洗干净再安装，防止表面的盐类造成密封不严而漏液。

电化学检测器操作时要使用不带粉末物质的一次性手套。样品要过滤，且不能过载；安培池长时间不用要用水冲洗，并将参比电极卸下来浸泡到 KCl 中。

阅读材料　**更换离子色谱柱时的注意事项**

离子色谱分析工作中，常需要更换色谱柱。仪器一般匹配有氨基酸柱(AminoPA10)、糖柱(CarboPA10)、阴离子有机酸根柱(AS11-HC)和阳离子柱(CS12A)4 种柱子。其中，氨基酸、糖和阴离子柱为碱性系统(淋洗液为氢氧化钠)，阳离子柱是酸性系统(淋洗液是甲烷磺酸)。因此，在更换柱子时，一定要用新配制的淋洗液冲洗到相应的 pH 后再连接柱子(碱性和酸性系统更换时)。以测定阴离子有机酸根后换阳离子柱子为例：

阴离子有机酸根柱使用的是 30mmol/L 左右的氢氧化钠淋洗液，如果换柱测定阳离子，先换上阳离子的保护柱和分析柱，但不连保护柱的进口管，用开泵调节通道比例，用甲烷磺酸冲洗流路系统，用 pH 试纸测定流出液为酸性后，再将保护柱的进口管连上。

氨基酸系统对试剂和环境要求很高，测定糖和有机酸根后可直接换上氨基酸柱子(因为都是碱性系统)，但测定阳离子后，一定要用 2mol/L 的氢氧化钠清洗流路系统，然后用水将浓碱冲洗干净，再接上氨基酸柱子测定氨基酸、糖和阴离子。

第5章 仪器分析实验室工作技巧选编

为了在顺利开展仪器分析实验的同时尽量节约实验费用、降低成本，保护实验室环境，预防和妥善处理实验中出现的常见事故和问题，改善实验效果，提高实验工作效率，人们在长期的实践工作中，创造许多奇妙的创新性方法，积累了大量的实验室工作小技巧和小经验，解决了许多实验中的具体问题，给我们以良好的借鉴和启迪。

本章从大量丰富的资料中精选并汇编了与仪器分析和定量分析有关的部分内容，分以下几个方面介绍，供工作或学习时参考。

一、红外光谱法对物质结构的分析方法和鉴定技巧

(1) 对样品做初步了解，如样品的纯度、外观、来源及物理性质（沸点、熔点），元素分析结果及化学式等。然后确定未知物不饱和度以推测化合物可能的结构。

(2) 红外光谱图的解析可采用"**四先、四后、一抓法**"，即先特征、后指纹；先最强峰、后次强峰；先粗查、后细找；先否定、后肯定；抓一组相关峰。

首先在官能团区（4000～1300cm^{-1}）搜寻官能团的特征伸缩振动，此范围内的吸收峰可帮助确定样品中含有哪些官能团。再查看"指纹"区（1300～600cm^{-1}）的吸收情况，此区内吸收峰显示了分子结构的细节，可进一步确认某基团的存在以及与其他基团的结合方式。如根据指纹区的吸收峰可以确定烯烃、芳香烃的取代类型等。如两样品是同一化合物，则指纹区谱带的细微结构应完全相同。

(3) 对比标准谱图。红外光谱法定性分析中，无论是已知物的验证还是未知物的鉴定，常需与纯物质的标准谱图做对照进行确认。通过谱图解析对样品的结构做出初步估计，再查阅标准IR谱图集与之对照从而最终确定样品的结构式。标准谱图除用纯物质在相同的方法和实验条件下自己测定外，最方便的方法是查阅标准谱图集，如萨特勒(Sadtler)标准红外光谱图、Aldrich红外谱图库以及Sigma Fourier红外光谱图库等。其中，最常用的标准谱图集是萨特勒红外谱图集，由萨特勒实验室1947年开始出版，至今约收集了棱镜红外光谱和光栅红外光谱各10余万张，通过各种索引查找、对照和使用甚为方便。

二、高效液相色谱分析常见问题及解决方法

1. 峰拖尾

原因和解决方法：① 筛板阻塞，反冲色谱柱；更换进口筛板和色谱柱。

② 色谱柱塌陷，填充色谱柱。③ 干扰峰，使用更长的色谱柱，改变流动相或更换色谱柱。④ 流动相 pH 选择错误；调整 pH。对于碱性化合物，低 pH 更有利于得到对称峰。⑤ 样品与填料表面的熔化点发生反应：加入离子对试剂或碱性挥发性修饰剂，更改色谱柱。

2. 峰分叉

原因和解决方法：① 保护柱或分析柱污染。取下保护柱再进行分析，必要时更换保护柱；如果分析柱阻塞，拆下来清洗。如果问题仍然存在，可能是柱子被强保留物质污染，运用适当的再生措施；若问题仍存在，可能入口被阻塞，应更换筛板或色谱柱。② 样品溶剂不溶于流动相，可改变样品溶剂，如有可能采取流动相作为样品溶剂。

3. 早出的峰变形

样品溶剂选择不恰当，应减少进样体积，运用低极性样品溶剂。

4. 早出的峰拖尾程度大于晚出的峰

柱外效应，可调整系统连接（使用更短、内径更小的管路），使用小体积的流通池。

5. K'增加时拖尾更严重

原因和解决方法：① 二级保留效应，反相模式，加入三乙胺（或碱性样品），加入乙酸（或酸性样品），加入盐或缓冲剂（或离子化样品），更换一支柱子。② 二级保留效应，正相模式，加入三乙胺（或碱性样品），加入乙酸（或酸性样品），加入水（或多官能团化合物），试用另一种方法。③ 二级保留效应，离子对，加入三乙胺（或碱性样品）。

6. 酸性或碱性化合物的峰拖尾

缓冲液不合适。可使用浓度 50～100mmol/L 的缓冲液，使用 pK_a 等于流动相 pH 的缓冲液。

7. 额外的峰

原因和解决方法：① 样品中有其他组分，正常。② 前一次进样的洗脱峰，增加运行时间或梯度斜率，提高流速。③ 空位或鬼峰，检查流动相是否纯净，使用流动相作为样品溶剂，减少进样体积。

8. 保留时间波动

原因和解决方法：① 温控不当，调好柱温。② 流动相组分变化，防止变化（蒸发、反应等）。③ 色谱柱没有平衡，在每一次运行之前给予足够的时间平衡色谱柱。

9. 保留时间不断变化

原因和解决方法：① 流速变化，应重新设定流速。② 泵中有气泡，从泵中除去气泡。③ 流动相选择不恰当，更换合适的流动相，选择合适的混合流动相。

10. 基线漂移

原因和解决方法：① 柱温波动，控制好柱子和流动相的温度，在检测器前使用热交换器。② 流动相不均匀（流动相条件变化引起的基线漂移大于温度导致的漂移），使用 HPLC 级的溶剂，高纯度的盐和添加剂。流动相在用前脱气，使用氦气。③ 流通池被污染或有气体，用甲醇或其他强极性溶剂冲洗流通池。④ 检测器出口阻塞，（高压造成流通池窗口破裂，产生噪声基线），取出阻塞物或更换管子，按检测器手册更换流通池窗。⑤ 流动相配比不当或流速变化，更改配比或流速。⑥ 柱平衡慢，特别是流动相发生变化时，用中等强度的溶剂进行冲洗。更改流动相时，分析前用 10～20 倍体积的新流动相对柱子进行冲洗。⑦ 流动相污染、变质或由低品质溶剂配成，检查流动相的组成，使用高品质的化学试剂及 HPLC 级的溶剂。⑧ 样品中有强保留的物质（高 K'值）以馒头峰样被洗脱出，从而表现出一个逐步升高的基线，使用保护柱，如有必要，在分析过程中，定期用强溶剂冲洗柱子。⑨ 使用循环溶剂，但检测器未调整，重新设定基线，当检测器在动力学范围发生变化时，使用新的流动相。⑩ 检测器没有设定在最大吸收波长处，将波长调整至最大吸收波长处。

11. 基线规则的噪声

原因和解决方法：① 流动相、检测器或泵中有空气，流动相脱气，冲洗系统以除去检测器或泵中的空气。② 漏液，检查管路接头是否松动，泵是否漏液，是否有盐析出和不正常的噪声，如有必要，更换泵密封。③ 流动相混合不完全，手摇混匀或用低黏度的溶剂。④ 温度影响（柱温过高，检测器未加热），减少差异或加上热交换器。⑤ 在同一条线上有其他电子设备，断开 LC、检测器和记录仪，检查干扰是否来自于外部，加以更正。⑥ 泵振动，在系统中加入脉冲阻尼器。

12. 基线不规则的噪声

原因和解决方法：① 漏液，检查接头是否松动，流通池、泵是否漏液，是否有盐析出和不正常的噪声，必要时更换密封。② 流动相污染、变质或由低质溶剂配成，检查流动相组成。③ 流动相各溶剂不相溶，选择互溶的流动相。④ 检测器/记录仪电子元件问题，断开检测器和记录仪电源，检查并更正。⑤ 系统内有气泡，用强极性溶液清洗系统。⑥ 检测器内有气泡，清洗检测器，在检测器后面安装背景压力调节器。⑦ 流通池污染，用 1mol/L 硝酸（不能用磷酸）清洗。⑧ 检测器灯能量不足，更换灯。⑨ 色谱柱填料流失或阻塞，更换色谱柱。⑩ 流动相混合不均匀，维修或更换混合器（不走梯度时，建议不使用泵混合装置）。

13. 宽峰

原因和解决方法：① 流动相组成变化，重新制备新的流动相。② 流动相流速太低，调节流速。③ 漏液，检查接头是否松动、泵是否漏液、是否有盐析出以及不正常的噪声，必要时更换密封。④ 检测器设定不正确，调整设定。⑤ 柱外效应影响，柱子过载，检测器对反应时间或池体积响应过大，柱子与检测器间的管路太长或内径太大；记录仪响应时间太长，小体积进样（如 10μL 而不是 100μL），以 1＋10 或 1＋100 的比例稀释样品，减少响应时间或用更小的流通池，使用内径为 0.007～0.01mm 的短管路，减少响应时间。⑥ 缓冲液浓度太低，应增加浓度。⑦ 保护柱污染或失效，应更换保护柱。⑧ 色谱柱污染或失效，塔板数较低，更换同样类型的色谱柱，如果新柱子提供对称的色谱峰，则用强溶剂冲洗旧柱子。⑨ 柱入口塌陷，打开柱入口，填补塌陷或更换柱子。⑩ 呈现两个或多个未被完全分离物质的峰，选择其他类型色谱柱以改善分离效果。⑪ 柱温过低，提高柱温，但温度不宜超过 75℃。⑫ 检测器时间常数太大，使用较小的时间常数。

14. 分离度降低

原因和解决方法：① 流动相污染或变质（引起保留时间变化），重新配置流动相。② 保护柱或分析柱阻塞，去掉保护柱进行分析，必要时更换保护柱；若分析柱阻塞，可进行反冲；色谱柱被强保留污染物损坏，用恰当的再生程序；若问题仍然存在，可能进口阻塞了，更换入口处的筛板或更换色谱柱。

15. 所有的峰面积都太小

原因和解决方法：① 检测器衰减设定过高，减少设定。② 检测器时间常数设定太大，可设定较小的时间常数。③ 进样量太少，增大进样量。④ 记录仪连接不当，应使用正确的连接。

16. 所有的峰面积都太大

原因和解决方法：① 检测器衰减设定过低，采用较大的衰减。② 进样过多，减少进样量。③ 记录仪连接不正确，正确连接记录仪。

三、实验器具的清洗技巧

(1) 碱式滴定管的洗涤。将碱式滴定管的下端玻璃尖嘴去掉，倒立于铬酸洗液中，并固定在滴定台的夹子上。用左手的拇指和食指挤压乳胶管中的玻璃球，与此同时，右手拿着洗耳球挤出球内空气，用洗耳球尖嘴对准并密封乳胶管口，右手轻轻放松。这时，随着滴定管内空气的抽出，洗液被吸进滴定管内。如果一次吸不满，可先松开左手，后移开洗耳球，挤出球内空气后再重复上述操作，直至吸满全管，并根据污染情况控制浸泡时间。然后用手轻捏玻璃球，将洗液放回原瓶中保存。以下洗涤方法同普通容量分析中滴定管的洗涤。

(2) 沾有特殊污垢容器的洗涤。先弄清楚污垢是什么物质，再采取相应的洗涤方法，例如，① $AgNO_3$ 污迹，用 10%$Na_2S_2O_3$ 溶液或 3%H_2O_2 浸泡后，再用肥皂或清水洗净；② $KMnO_4$ 沉积物用 $NaHSO_3$ 或 $H_2C_2O_4$ 溶液浸润、洗涤；③ 金属氧化物，水垢或碳酸盐类污垢，用稀盐酸处理；④ 有机酸、酚类沉积物用温热稀碱液浸泡后按普通方法清洗。固化的树脂及难洗刷的有机物，可用稀硫酸浸泡一段时间或微微加热，即可将污垢溶掉，再用普通方法洗净。焦油状、树脂状污垢，用相应有机溶剂溶解后，按普通方法洗刷。

(3) 用氢氟酸洗涤玻璃器皿。如果一时弄不清楚污垢的性质，而铬酸洗液和其他处理方法都不能奏效时，用氢氟酸处理玻璃器皿。往器皿内加入一些水，然后滴加少量的氢氟酸(控制 HF 的浓度为 1%～4%即可)，轻轻摇动容器，使氢氟酸慢慢地把玻璃腐蚀掉一层，污垢则随着脱落，用清水冲洗后，仪器就会洁净如新。但这种方法不适合于定量分析用的精密量器，若不得已使用时，必须对精密量器重新校正。使用氢氟酸时应戴上橡胶手套，防止造成伤害。

(4) 附着碳粒的烧结玻璃漏斗的清洗。向漏斗里加入浓硫酸，将滤板浸没，再加少许 $KMnO_4$，滴加几滴水，使碳粒和其他有机物在强酸性热的 $KMnO_4$ 溶液中快速被氧化，污物除去后按普通方法洗净。

(5) 以橱用洗涤剂代替铬酸洗液刷洗玻璃仪器。用铬酸洗液洗刷玻璃仪器时，洗液的强腐蚀性往往使操作者的衣服千疮百孔，地板、桌面伤痕累累，下水管道腐蚀，环境被污染，造成公害，有时甚至发生人身伤害事故，极不安全。如果用洗餐具、蔬菜、水果用洗涤剂代替铬酸洗液，就可以克服上述缺点。

橱用洗涤剂是以非离子表面活性剂为主成分的中性洗液，无毒、无腐蚀性，具有一定的杀菌和较强的去污，去油腻能力，不会腐蚀下水管道，不但使用安全，价格低廉(洗涤费用比铬酸洗液低数倍)，而且对分析结果没有影响。使用时，可配成 1%～2%的溶液进行刷洗，然后按普通方法清洗净仪器。

(6) 用高速水流冲洗。自来水高速水流具有相当好的冲净能力，用它洗刷不使用毛刷洗刷的器具如移液管、吸量管和比色皿等极为方便。它不但可以在短时间内将器皿的各个角落洗净，而且也不会损坏或损伤仪器，尤其适用于精密量器的冲洗。其装置也很简单，只要在高速水龙头尖嘴处接一段适当长的乳胶管即可。

(7) 快速清洗离子选择性电极的方法。用离子选择性电极测定完毕一个溶液后，必须将该电极插入去离子水中将其电位清洗到接近它的空白电位值，但有时很难满足这一要求，仪器的指针甚至会发生严重的抖动和漂移而无法准确读数，这可能是因为水中导电介质过少，电池电动势不稳定所引起的。此时，可向清洗电极的去离子水中加入两滴离子强度调节剂，或加入两滴其他不含待测离子的惰性电介质溶液，电极电位就会很快接近并达到空白电位值，清洗工作顺利、快速，大大提高工作效率。

四、干燥技术与技巧

(1) 提高干燥器干燥效率的方法。在普通的干燥器下部装满固体干燥剂后，在磁盘上竖立一个多孔锌板制成的圆筒，在此圆筒的周围再填充固体干燥剂。被干燥的样品放入圆筒内，即可加快干燥速度，增强干燥效果。

(2) 干燥用 $CaCl_2$ 的再生方法。在一个掉了底的大烧杯中，用两层铝箔铺成钵形，放入失效的氯化钙，用酒精喷灯或电热炉加热，由于铝的熔点为 658.8℃，不宜用火直接加热，可以在下面垫两层石棉网，当加热至 300℃以上时，氯化钙就可以失水再生。也可以用废铝锅代替大烧杯和铝箔使用。

(3) 快速干燥玻璃仪器的方法。实验中急需使用干燥的玻璃仪器又来不及通过烘箱烘干时，可先用少量乙醇刷洗一次已洗净的仪器，溶除其中残存的水分，倒出乙醇，再用少量丙酮刷洗一次，溶除残存的乙醇，倒出丙酮。放入微波炉，高功率挡加热数十秒即可。也可用电吹风稍吹一下，片刻即干。

(4) 利用微波加热技术快速干燥样品。家用微波炉在实验室可用作快速干燥设备，常用的干燥功率为数百瓦，可迅速干燥玻璃器皿、试剂、干燥剂(如硅胶)分析试样等，尤其适用于除去粉末状、颗粒状物质中的水分。由于微波加热是物质内深层加热，干燥过程不用搅拌，样品表面和内部同时均匀受热。短时间内即可快速除去水分。一般的，在烘箱中需要数小时烘干的样品，使用微波炉数分钟即可。例如，干燥硅胶约需 5min 就可完成。

五、定量分析操作技巧

(1) 提高滴定管精确滴加滴定剂的方法。对初学定量分析滴定操作的人员来说，在滴定接近终点滴加少量滴定剂时，由于活塞位置转动不合适，不是液体流不出来，就是滴加过量，造成失败。为此，可采用以下方法加以改善：① 改造活塞，精确控制滴加速率。取下滴定管的活塞，用锉刀在塞孔的一方锉一条深小于 1mm,长 1.5～2mm 的沟槽,在活塞的另一侧的对称位置也进行同样处理,这个"V"型沟槽的存在,可比原来的活塞提前开启或延迟关闭,能扩大活塞进行精确地控制,很少发生失误。但要注意根据个人的操作习惯,向左或向右沟槽均可,不要同时在两个方向上开沟,因为这样会使关闭活塞的角度范围缩小,容易造成操作失误。② 改造滴定管尖嘴。在滴定管的尖嘴处用橡皮圈或一段粗细、长短合适的乳胶管加固两根细玻璃棒,玻璃棒与管壁之间的接触要密切。这样,可使液滴变小。如果和改造后的活塞配合使用,很容易取得"半滴"溶液,保证滴定操作的顺利进行。但要注意,玻璃棒要充分洗净,不要接触油性物质。也可以在滴定管的尖嘴处用胶管固定一个废注射器针头来改变液滴的大小。

(2) 滴定管堵塞时的处理方法。如果在滴定管活塞密封时涂凡士林的操作不当,往往会造成滴定管尖端的堵塞。这时,将滴定管装满溶液,下端尖嘴放入温热的蒸馏水中,待凡士林软化后,取出滴定管,完全打开活塞,同时用细铁丝或毛刷端部的长鬃毛捅动堵塞物,这样,通常都能将其由滴定管中排出。也可以将活塞打开后,由上部放出溶液,并由上口向管内鼓气(用洗耳球或气体采样球),只要滴定管上口密封好也能顺利地将凡士林清除掉。

(3) 快速排除酸式滴定管中气泡的简便方法。滴定管中装入半管左右的溶液后,一手快速打开活塞,另一手握滴定管中部同时上下用力抖动,靠液体流动时的惯性力和冲击力将气泡排出。这种操作简便可行,但要在废液桶上进行,以防止溶液腐蚀地面和破坏滴定管尖嘴。

(4) 惰性气氛的滴定分析法。定量分析中,有些滴定需要在惰性气氛的保护下进行。例如,钒和锡等的滴定,需要在 CO_2 中进行。这时,在完成试液加热还原操作之后,向试液中加入洁净的小块干冰,就可以达到隔离空气的目的。由于干冰的溶解和气化,使溶液温度保持在滴定所需要的 10℃以下。这种方法操作方便,不仅使分析时间缩短 1/6 左右,而且使分析误差减少约 1/10。

(5) 准确称量、转移样品的简单方法。将一支扁体的塑料眼药瓶的瓶盖取下,在靠近瓶底的一边开一个便于放取样品的矩形加样口,将洗净、干燥处理后的这种瓶子轻放在天平盘上进行称量。由于这种瓶子是由聚乙烯材料制成的,容易清洗且对大多数化学物质是惰性的,称取的物料可以完全定量地冲洗到容量瓶中进行定容。

(6) 无氧条件下的精确移液。将一支移液管或吸量管的尖端用环氧树脂黏结上一个注射针头,移液管的上端口通过乳胶管与注射针管相连接。使用时,将针头插入氮气球中,用氮气置换几次后,再插入胶塞密封瓶或安瓶中,严格定量的移取溶液。如果一次吸不满,可将乳胶管对折 180°,压紧,抽出注射针管,排出其中气体,再重复吸液操作,直到满足要求为止。

(7) 简便的安全移液装置。用移液管或吸量管准确移取溶液时,往往容易吸空，使被吸溶液进入洗耳球，造成洗耳球的腐蚀和溶液的沾污。为了安全准确的移取，可以在移液管的上端套上一段乳胶管，乳胶管内装上一粒大小合适的玻璃球进行密封。移液时，将移液管插入被吸溶液中，一手将排除空气的洗耳球插入乳胶管内（两者要密封严实），并轻轻放松洗耳球，另一手同时挤压玻璃球边缘处，就能将溶液缓缓吸入移液管内。一次吸不满时，只要不挤压玻璃球，它便起到密封的作用，不至于使吸上来的溶液下降。待排除洗耳球内的空气后，再重复吸液操作，直至吸满为止。这样的装置，即使吸空，由于玻璃球的缓冲，也不容易吸入洗耳球，既安全又方便。调整液面时，只要轻轻挤压玻璃球，液面便缓缓下降，即可顺利地完成移液操作（国家实用新型专利，专利号：ZL200620029828.0，设计人：高向阳）。

六、过滤与搅拌技巧

（1）微量物料的加压过滤。实验中遇到微量的悬浊液物料需要过滤时，利用注射器进行加压过滤是比较方便有效的。取一个直径约 5mm、长 4～5cm 的尖嘴滴管作为过滤管，管的下部加入少量脱脂棉，其上填充一层厚 1cm 的长石棉纤维（中性），再将一些短的石棉纤维与水一起搅拌后，用水冲洗到长石棉纤维上，用细玻棒轻轻捣压，使其形成一个薄而致密的过滤层。上面再放入少量脱脂棉，用软橡皮塞密封。对微量待滤物料，可直接加入小滤管中，塞紧橡皮塞，将针头穿过塞子，用事先拉开活塞的注射器进行加压过滤。如果待滤物料较多，可将液体吸入注射器内，再接到过滤管上，缓缓推动活塞进行加压过滤，用注射器可加压到 10^6 Pa（10atm）左右。

（2）过滤接引管的制作。取一块破损的烧结玻璃滤板，在砂纸上仔细打磨成圆形，其大小正好能平放进入一个玻璃管中，用水玻璃将它们黏结在一起并用火再烧一下，使其严密结合。将玻管下端烧软拉细，冷却后，就制作成了过滤管接引管。使用时，移液管通过一个橡皮塞与过滤接引管连接并吸取过滤后的溶液，这样，移液管外侧不黏附较多液体，利于定量分析。

（3）简易电磁搅拌转子的制作。剪取 2～3cm 长的熟铁丝或电焊条废头（转子大小根据情况自定），穿入内径合适的玻璃管、聚乙烯管或聚四氟乙烯管中，然后用火烧熔管材，将两端严密封闭即可。聚四氟乙烯管耐强酸、强碱、强氧化性热溶液，适用性较广。聚乙烯管材料不耐热，不耐烃类、浓硝酸和浓硫酸介质，使用时要加以注意。

（4）电磁搅拌转子装取的简单方法。从小口径的容器中取出或放入搅拌转子时总感觉到有些不便，这时可用下述方法。将转子放入容器时，另取一个转子靠在容器壁外，把要放入的转子隔着瓶子使其相互吸附在一起，将壁外转子沿壁缓缓移动，就能把转子平稳地移至容器底部。从容器中取出转子时，可将此操作反向进行。在容器内洗涤转子时，可按此法将转子移至器壁稍高处，洗净后再取出。也可用小块磁铁代替壁外转子进行工作。

七、实验室其他操作技巧

1. 粉碎时防止物料飞散的简便方法

用一个完整洁净的聚乙烯塑料袋，把装好物料的研钵放入袋底，把研锤放入钵中，将袋口沿研锤柄收拢，用手握住，使研磨粉碎操作在袋中进行。这样，不但可以防止物料吸湿，而且飞散的物料不会污染环境，将其集中到塑料袋的一角，很容易回收，倒回研钵重新研磨。

2. 玻璃电极的保存方法

玻璃电极的球泡久放会发生干裂，即使是好的电极，用前也要在蒸馏水中浸泡24h以上进行活化处理，不能满足实际工作者的急需。若在保存时取一个滴管胶头帽，向胶头中注入一些蒸馏水，将电极球泡小心插入胶头中，使用时小心去掉胶头帽，电极可立即投入工作，极为方便。

3. 散落汞粒的收集和处理方法

实验室中经常接触到水银，若不小心在工作中造成散落，细小的汞粒很难收集，造成环境污染，影响操作者的健康。这里介绍一下简单有效的收集和处理方法。

(1) 铜汞收集法。将一块厚0.5mm的紫铜片(长宽约10cm×5cm)用水冲洗干净，置于稀硝酸(1+1)溶液中反应1～2min后取出，用蒸馏水冲洗净。用水银小心擦拭至出现光亮的表面，然后放置在0.5%的稀硝酸溶液中。使用时，用此汞齐化的铜片轻轻接触散落的汞粒，汞粒便被收集到容器内。反复进行操作，直到收拾干净散落的汞粒为止。

(2) 化学处理法。落在很小角落或缝隙的汞粒无法收集时，可采用化学法处理。用多硫化钠溶液喷洒、覆盖有汞的部位，过夜后再用水清洗。若没有多硫化钠，可用硫化钠与研细的硫磺粉混合后覆盖有汞的部位，停留一段时间后再清除掉混合物。

4. 从氯化银中回收金属银的方法

银是贵重的金属，沉淀滴定中生成的银盐沉淀扔掉实在是极大地浪费。现介绍几种简便可行的回收方法：

(1) 称10g研细的AgCl于250mL烧杯中，在不断搅拌下依次加入蒸馏水200mL、NaOH 8g、37%甲醛6mL。混合物变黑，待温度升至60～70℃时继续搅拌1h左右，烧杯底部出现光亮的银粒小球，将其收集到洁净的瓷坩埚中，依次用蒸馏水和丙酮冲洗，然后烘15～20min，银的回收率超过99%。

(2) 称10g研细的AgCl粉末于洁净大烧杯中，分数次加入$NaBH_4$(硼氢化钠)和水，硼氢化钠共加入量为3g，水为480mL，盖上表面皿。待温度升至70～80℃时快速搅拌，10min 后银粒聚集，1h 后成光亮小球，用无灰滤纸收集后，用蒸馏水、丙酮依次冲净，于坩埚中烘干。

(3) 称 5g 研细的 AgCl 粉末于洁净烧杯中，加 250mL(1＋1)氨水和 0.75g 硼氢化钠，快速搅拌，立即产生黑色沉淀，搅拌 45min 后温度可升至 70～80℃，冷却后，将银粒收集于无灰滤纸上，依次用蒸馏水、丙酮冲洗，于坩埚中烘干。

5. 从橡皮塞中拔出胶着的玻璃管、温度计的方法

长时间插在橡皮塞中的温度计、玻璃管等，由于橡皮塞的老化和收缩，使其紧固其中而不能拔出。此时，可把带玻璃管的橡皮塞浸没入开水中，待橡皮塞受热软化后，便可拔出。如果不行，用合适孔径的打孔器套住玻璃管打孔，将其取出。玻璃管粘着的少量橡皮，用刀片小心割掉，取出玻璃管(或温度计)。

6. 在滴瓶、试剂瓶上制作永久性标签的方法

主要有以下配方：① 2g$CuSO_4$ ＋1g$AgNO_3$ ＋甘油少许研细搅拌；② 2gPbO_2 ＋1gCr_2O_3；③ 铁粉 3g；④ 0.5g$AgNO_3$ ＋2gPbO_2 ＋1gCr_2O_3；⑤ 2gPbO_2 ＋1gCr_2O_3 ＋0.5g 铁粉。

以上配方各自混匀、研细后加入 40％的硝酸银溶液和甘油适量研磨均匀，用细毛笔书写标签，在电炉旁烤 30min 左右即可。白色滴瓶或试剂瓶用①、③配方，棕色瓶用②、④、⑤配方。此方法制作的标签可任意擦洗，不怕普通的溶液和试剂，但不能较长时间地浸泡在强还原性溶液中。

7. 瓶签的保护

用 10％聚乙烯醇溶液作胶水粘贴瓶签，并在瓶签上均匀涂一层作保护，既贴得牢又耐腐蚀，比用蜡封具有优越性。因为这种标签一旦不用，比蜡封瓶签容易清除。

8. 蒸馏水器清除水垢的简单方法

用清洗过浆水的纱布敷盖在电热管上，将四周包住，下方用纱布带扎紧。蒸馏时，水垢几乎全部吸附在纱布上，需要清理时，只要剪开纱布带，将旧纱布弃去，换上新纱布即可，既快速又简便。

9. 玻璃仪器表面腐刻标记法

如果实验中需要在玻璃仪器表面做永久性的标志，如编号、记号等，可将玻璃表面擦净，用毛笔将熔化的石蜡涂上薄而均匀的一层，待蜡凝固后，用大号针或铁笔在石蜡层上刻写要标的记号，刻下的线条必须深达玻璃表面，然后仔细地清除蜡

屑。在刻痕上覆盖浸润过氢氟酸的滤纸，15min 后，用水冲洗余酸，刮掉蜡层即可。

10. 紧固玻璃瓶塞的打开

手持瓶子，将瓶塞下部放在实验台桌边（或角上）轻轻叩击，边叩击边转动，看能否打开。若不能打开，用浸过沸水的布对固着处进行热敷处理，或放在沸水中煮一会儿，再进行叩击，通常都可以打开。

11. 紧固干燥器的打开

干燥器长期不使用，会由于磨口处的凡士林或润滑剂风干黏合在一起，不容易打开。此时，用浸有热水的布（或电吹风）对磨口面的上下缘加热，使胶着的物质软化，对准磨口的缝隙处用木器轻轻敲击，边敲击边缓缓移动，如此敲击干燥器大半周，就能将其打开。但要注意，由于双面刀太薄，受力时易碎，不宜使用。

12. 碱液瓶塞的改进

盛碱液瓶的玻璃瓶塞，磨口处容易被侵蚀而粘着，难以打开。为防止这种情况发生，可在瓶塞的一周缠裹一层耐腐蚀的聚四氟乙烯生料带，接头处用烙铁熔合。也可选个较瓶口小的玻璃塞，套上一段粗细合适的短塑料管使用。

13. 废液中重金属的回收利用方法

实验室中的废液常含有重金属，倒入水槽会污染环境。现介绍一种回收利用的简便方法：向含有重金属的废液中加入适量的 $FeSO_4 \cdot 7H_2O$，用 NaOH 废液调节 pH=11，使 Fe^{2+} 与重金属离子形成亚铁酸盐悬浮液，再加热至 60～70℃，通入空气进行氧化，使之生成沉淀。从废液中除去重金属，生成的沉淀可用磁铁吸住，因而可以用作磁性材料和微波吸收材料，进行再利用。这种方法对除去 Mg、Al、Ca、Ti、V、Cr、Mn、Fe、Co、Ni、Cu、Zn、As、Mo、Ag、Cd、Sn、Pb、Bi、Hg 等金属都有效。例如，浓度为 7μg/mL 的含 Hg 废液，用此方法处理后，废液中 Hg 的浓度降至 0.001μg/mL，净化效果较好。

14. 微滴定分析法

常量滴定分析法需要较多的试剂，所用的仪器规格较大且容易破碎，所以，不但使投入的成本过高，而且污染环境，损害操作者的健康，尤其是近年来化学试剂及玻璃仪器的价格不断高涨，使得很多单位难以进行日常的实验工作。因此，人们设法进行微滴定分析法，所谓微滴定分析法是在保证测定准确度的前提下，使用尽量少的试液、滴定剂和其他辅助试剂。一般说来，用量要比常规滴定少一个数量级。所用的容器和青霉素药瓶，3～5mL 小试管和废注射器及针头等要比常规滴定法所用容器价廉的多，并具有一定的生命力。目前，一种高精度多功能环保型滴定装置已经研制成功（国家实用新型专利，专利号：ZL200620029829.5，设计人：高向阳）。

15. 实验桌台面的涂刷方法

所用药剂的配方如下：① $CuSO_4$ 500g、$KClO_3$ 500g、热水5570mL；② HCl1830mL、苯胺695mL、蒸馏水5570mL、① 号溶液87mL 混合；③ 沸水2870mL、K_2CrO_7 250g。

涂刷方法：将桌面清净，露出新鲜木面，将①号药剂加热至沸，刷在桌面上，静置干燥。将冷的②号药剂刷上一层，静置干燥，再刷一层热的①号药剂，过夜后刷一层冷的②号药剂，干燥后刷一层冷的③号试剂，干燥后再刷一层③号冷液，静置过夜，涂一层苯与亚麻仁油的等量混合物，磨光后涂几次亚麻仁油，擦去过剩的油，静置过夜即可。用桐油或清漆代替亚麻仁油，效果也很好。

16. 制作一种不能打碎的微量进样器的方法

把一支损坏的微量注射器活塞取下，再选一支皮下注射针头，针头管的内径能与活塞杆的外径严密配合。把活塞穿过一个血清瓶橡皮帽和一块硅橡胶片（可从色谱仪的垫片上切取），把活塞插入针头中，硅橡胶片塞入针头的粗口内使其成为一个密封圈。然后，将活塞推到头，准确截去长出针头尖的部分，并打光端头。这种进样器成本低且不易损坏，只要活塞的长度切割适当，微量进样器的残留试液量可以少到忽略不计，必要时进行校正后再使用。

17. 废损玻璃仪器的再利用

实验工作中有时难免会损坏一些玻璃仪器，这时，千万不要随便将废损的器皿扔掉。勤俭是一种美德，要学会为国家和单位节约每一元资金，以便进行实验室其他方面的建设。实际上，只要勤于动手，处处为集体和国家着想，这些废损的玻璃仪器大部分都能进行改造，再次投入使用。例如，① 微量滴定管的加液储槽不小心在槽的下方折断，只要槽下方的注溶液玻璃管还在，就可以用一段粗细合适的乳胶管将它们连接起来。如果支撑不太牢固，可以在乳胶管的外部缚一根细玻璃棒，用细金属丝固定牢，就可以正常使用。② 打破底部的烧杯，可以选一个大小合适的塑料袋套上，并在烧杯的上部用细金属丝绳或橡皮筋扎牢，就可以作为盛去污粉、洗涤粉等用的盛器。③ 酸式滴定管的下部活塞部分损坏后，可以用锉刀整理平整细径部分，套上装有玻璃球的乳胶管，改装成碱式滴定管使用等。总之，要根据具体情况，量材处理和使用，这不但节约费用，也会给工作带来意想不到的方便。

第6章　课程教学实习及自主设计性实验

实习课题一　自来水水质分析及评定(自主设计型实验)

一、学习导航和要求

(1) 训练文献的查阅、实验方案、具体实验方法的设计等综合能力;

(2) 培养学生分工合作、团结一致的团队精神。

二、主要实习内容

(1) 水 pH 的测定。

(2) 水电导率的测定。

(3) 水总硬度的测定。

(4) 水中 Cl 含量的测定。

(5) 水的色泽、口味、嗅味、澄清度等感官检验与评定。

以上内容每组至少做3项指标。

三、实习安排及程序

(1) 每组为4～5人,选一人为组长,由组长分配具体任务。

(2) 选择、确定具体实验内容,利用两天时间查阅相关文献。要求首选国家颁布标准,后选部颁标准、经典方法。

(3) 将拟订的分析方法、详细分析步骤、所用仪器、试剂、辅助用品及数量清单于第二日交给老师审阅、指导;然后到实验室办理借用手续。

(4) 每个实验时间为6～8学时,各组要合理安排实验内容,不可浪费宝贵时间。

(5) 所用仪器自行安装、调试,所用试剂、药品自行配制,并及时记录实验现象和实验数据。

(6) 实验结束后,整理仪器、用品和实验台,检查所用仪器是否正常,经老师检查、确认签字后,将所借的用具、设备、所剩余试剂交还实验室,值日生应认真打扫实验室,填写好实验室日志,交实验室验收、签字。

(7) 设计实验报告,每人一份,报告分析结果时,应有班级、姓名、学号、实验时间、实验地点、实验内容、实验方法、程序、测定数据及处理方法、有关计算公式、测定精密度(用相对标准偏差 RSD%表示)、实验建议等内容,课程实习总结另文认真撰写。

(8) 实验报告及课程实习总结于实习结束后的一周内，以班为单位收齐后，交于指导老师评定实习成绩。

实习课题二　粮食中水分和粗灰分的测定（自主设计型实验）

一、学习导航和要求

(1) 训练文献的查阅、实验方案、具体实验方法的设计等综合能力；

(2) 培养学生分工合作、团结一致的团队精神；

(3) 熟悉粮食中水分、粗灰分分析方法的基本原理和有关操作。

二、主要实习内容

(1) 样品的采集、制备、粉碎、研磨、过筛、缩分、保存等。

(2) 粮食样品中水分的测定。

(3) 粮食样品中粗灰分的测定。

以上内容每组必做。

三、实习安排及程序

(1) 每组为 4～5 人，选一人为组长，由组长分配具体任务和实验内容。

(2) 利用两天时间查阅相关文献和资料。要求首选国家颁布标准，后选择部颁标准或经典方法；该课题每班限选两组进行，由班长安排、协调，上报到指导教师处。

(3) 将拟订的分析方法、分析步骤、所用仪器、试剂、辅助用品及数量清单于第二日交给老师审阅、指导；然后到实验室办理借用手续。

(4) 每个实验时间约为 10～12 学时，各组要合理安排实验内容，不可浪费宝贵时间。

(5) 所用仪器自行安装、调试，所用试剂、药品自行配制，并及时记录实验现象和实验数据。

(6) 实验结束后，整理仪器、用品和实验台，检查所用仪器是否正常，经老师检查、确认签字后，将所借的用具、设备、所剩余试剂交还实验室，值日生应认真打扫实验室，填写好实验室日志，交实验室验收、签字。

(7) 设计实验报告，每人一份，报告分析结果时，应有班级、姓名、学号、实验时间、实验地点、实验内容、实验方法、程序、测定数据及处理方法、有关计算公式、测定精密度（用相对标准偏差 RSD% 表示）、实验建议等内容，课程实习总结另文认真撰写。

(8) 实验报告及课程实习总结于实习结束后的一周内，以班为单位收齐后，交于指导老师评定实习成绩。

实习课题三　南阳彩色小麦等样品中微量铁、粗蛋白和总酸度的测定（自主设计型实验）

一、学习导航和要求

（1）训练文献的查阅，以及实验方案的制定、具体实验方法的设计等综合知识能力；

（2）培养学生分工合作、团结一致的团队精神；

（3）熟悉并掌握南阳彩色小麦样品的制备、粉碎、研磨、过筛、缩分、保存和试液的制备，掌握微量铁、粗蛋白和总酸度测定方法的选择，并继续提高相关操作和动手能力。

二、主要实习内容

（1）南阳彩色小麦样品的采集、制备、粉碎、研磨、过筛、缩分、保存等。

（2）试液的制备。

（3）微量铁的测定。

（4）粗蛋白的测定。

（5）总酸度的测定。

以上内容每组做 3～4 项。

三、实习安排及程序

（1）每组为 4～5 人，选一人为组长，由组长分配具体任务和实验内容。

（2）利用两天业余时间上网查阅相关文献或资料。要求首选国家颁布标准，后选择部颁标准或经典方法。

（3）将拟订的分析方法、分析步骤、所用仪器、试剂、辅助用品及数量清单于第二日交给老师审阅、指导；然后到实验室办理借用手续。

（4）要求样品的消解在满足灵敏度的前提下，尽量选择微波压力消解；总酸度的测定尽量用超声波浸提。

（5）每个实验时间为 12～14 学时，各组要合理安排实验内容，不可浪费宝贵时间。

（6）所用仪器自行安装、调试，所用试剂、药品自行配制，并及时记录实验现象和实验数据。

（7）实验结束后，整理仪器、用品和实验台，检查所用仪器是否正常，经老师检查、确认签字后，将所借的用具、设备、所剩余试剂交还实验室，值日生应认真打扫实验室，填写好实验室日志，交实验室验收、签字。

(8) 设计实验报告，每人一份，报告分析结果时，应有班级、姓名、学号、实验时间、地点、实验内容、实验方法、程序、测定数据及处理方法、有关计算公式、测定精密度(用相对标准偏差 RSD% 表示)、实验建议等内容，课程实习总结另文认真撰写。

(9) 实验报告及课程实习总结于实习结束后的一周内，以班为单位收齐后，交于指导老师评定实习成绩。

四、知识扩展

南阳彩色小麦是豫西南原子能农业应用研究所育种专家近年来培育成功的小麦系列新品种，有灰、紫、蓝、绿等颜色，其营养价值和特色有待研究。彩色小麦是珍贵的种质资源，是培育新的特殊颜色小麦新品种的基础，而且有颜色越深营养价值越高的趋势。微波消解生物样品是目前较为理想的试样消解方法。利用微波加热技术，在家用微波炉内用密闭装置压力消解样品，具有省时、安全、快速、简便、不污染环境也不被环境所污染、消耗试剂量少、成本低廉的显著特点，可以大大提高工作效率。

阅读材料　蛋白质与人体健康

蛋白质是一种高分子化合物，由一万到数千万个氨基酸分子构成。人体内有 10 万种以上不同结构的蛋白质，唯有氮元素在各种不同结构的蛋白质分子中含量最为稳定，平均约为 16%。常用细胞组织中的氮含量，来推算和表示人体的蛋白质含量；用测定每日摄入和排出的氮含量，来评价人体的氮平衡状况，从而推断人体内是否缺乏蛋白质。因此，氮是蛋白质中特别重要的元素，是一切生命现象的物质基础。人体内的细胞、组织、各种酶辅抗体、某些重要的激素等，都是以蛋白质为原料构成的。

蛋白质参与人的一切生理活动，并维持人体生理功能的正常进行。各种物质在体内的消化、吸收、合成、分解、转化、利用等生化反应，都只有在各种酶的作用下，才能正常进行。由酶蛋白和辅酶构成全酶，全酶又称为结合蛋白。只有全酶，才具有催化作用，才能参与人体的新陈代谢。近代分子生物学研究表明，蛋白质在控制遗传信息、细胞的通透性、人的记忆和识别能力等方面，都起着很重要的作用。所以，蛋白质是人类生存和健康的基础。

人体每天需要蛋白质的标准量为 1 岁以下的婴儿 2～4g/kg 体重；1～12 岁的儿童 40～70g/kg体重；13～17 岁青少年 80～90g/kg 体重；18～40 岁的成年人 70～90g/kg 体重；极重体力劳动的男子 105g/kg 体重；若是孕妇和乳母，每天供给 110～125g/kg 体重或更多一些。除了蛋白质的量要足够之外，还应注意蛋白质的“营养价值”。一般地说，动物性蛋白质的营养价值要比植物性蛋白质的高。这是因为动物性蛋白质中，必需氨基酸含量较多、较全面，而且含量和比值更接近于人体组织。研究结果证明：成千上万种蛋白质都是由氨基酸组成的，目前已知的氨基酸有40多种，常见的24种中：色氨酸、苯丙氨酸、蛋氨酸、亮氨酸、赖氨酸、缬氨酸、异亮氨酸和苏氨酸8种氨基酸人体自身不能合成，或者合成速度很慢，不能满足人体需要，必须从食物蛋白质中提供，因此称为必需氨基酸。在人们膳食中，不但要有必需氨基酸含量多的蛋白质，而且还应有多种蛋类、肉类、鱼类食品，牛、羊奶及奶制品，黄豆、绿豆及豆类制品，大米、小麦、玉米等粮食，白菜、豆芽、土豆等蔬菜。这样，各类食品中的蛋白质可以“互补”。人体有了足够的蛋白质，可维持身体的新陈代谢和一切生理功能，满足儿童、青少年生长发育的需要，保证身体健康。

当人体缺乏蛋白质时，会给健康带来不良影响和危害。例如，婴幼儿和青少年缺乏蛋白质，生长发育迟缓，体弱消瘦，体重过轻，身高体重比例异常。成年人缺乏蛋白质，容易感到疲劳，体重减轻，肌肉萎缩，血浆蛋白质降低，贫血和循环血容量减少。哺乳期妇女除上述症象外，分泌乳量将明显减少。人体如果长期严重缺乏蛋白质，可引起营养不良性水肿。此外，蛋白质缺乏可能使白血球减少，抗体减少，从而使人体对疾病的抵抗力降低；可使细胞组织受损伤后，凝血缓慢或障碍，组织修补和伤口愈合困难。蛋白质缺乏，还可引起肝脏脂肪沉着及肝硬化。由此看来，蛋白质对人体的生长发育、健康和子孙后代，都有很密切的关系。所以，我们一定要尽力保证每天有足够量的各种蛋白质摄入。

实习课题四　白酒饮料中各成分的分离和分析（自主设计型实验）

一、学习导航和要求

(1) 了解程序升温色谱在复杂样品分析中的应用；

(2) 掌握程序升温色谱的操作方法；

(3) 熟悉内标法定量分析的方法；

(4) 熟练使用气相色谱工作站系统。

二、基本原理

程序升温是指在一个分析周期里，色谱柱的温度按照适宜的程序连续地随时间呈线性或非线性升高的色谱操作方式。在程序升温中，采用足够低的初始温度，使低沸点组分能得到良好的分离，然后随着温度不断升高，沸点较高的组分就逐一被升高的柱温推出气相色谱柱，高沸点组分也能较快的流出，并和低沸点组分一样得到良好的峰形尖锐的色谱峰。

程序升温操作宜采用双柱、双气路，即使用两根完全相同的色谱柱，两个检测器，保持色谱条件完全一致，这样可以补偿由于固定液流失和载气流量不稳定等因素引起的检测器噪声和基线漂移，以保持基线平直。若使用单柱，应先不进样运行，把空白色谱信号（基线信号）存储起来，然后进样，记录样品信号与存储的空白色谱信号之差。这样虽然也能补偿基线漂移，但效果不如双柱、双气路系统理想。

白酒饮料含微量成分复杂，其极性和沸点变化范围很大，以致用定温色谱法不能一次同时进行分析。采用程序升温操作方式，以内标法定量，就能较好地对各组分进行测定。

三、实习必备

GC9800 等型气相色谱仪，SPH-300 氢气发生器，SPB-3 空气发生器；微量注射器 10μL 2 支，容量瓶 25mL 2 支。

四、动手实践及要求

(1) 基本要求及程序。该课题每班限选一组进行，由班长安排、协调，上报到指导教师处。实习者应熟悉气相色谱仪的基本操作，并充分做好各项前期准备工作。其他要求和实习程序同以上实习课题。

(2) 色谱条件。PEG-20M 为固定液，Carbopack BAW 为担体 Φ2mm × 2000mm 的不锈钢或玻璃色谱柱；柱温：80～200℃；升温速率：4℃/min；汽化室、检测器温度：220℃；检测器：氢火焰离子化检测器；氢气流速：40mL/min；空气流速：450mL/min；载气(N_2)流速：40mL/min。

(3) 标准溶液的配制。以 60%乙醇水溶液为溶剂。首先在 25mL 容量瓶中预先放入 3/4 溶剂，然后分别加入 20.0μL 甲醇、正丙醇、正丁醇、异戊醇、乙醛、乙酸乙酯、己酸乙酯及乙酸正戊酯，用溶剂稀释至刻度，充分摇匀。

(4) 样品制备。预先用待测饮料荡洗 25mL 容量瓶，然后移取 20μL 乙酸正戊酯至容量瓶中，再用待测饮料稀释至刻度，摇匀。

(5) 色谱测定。打开仪器，启动程序升温系统，设置色谱柱升温程序，待仪器稳定后，依次注入 1.0μL 标准溶液及待测样品溶液。

(6) 所用仪器自行调试，所用试剂、药品自行配制，并及时记录实验现象和实验数据。

(7) 实验结束后，整理仪器、用品和实验台，检查所用仪器是否正常，经老师检查、确认签字后，将所借的用具、设备、所剩余试剂交还实验室，值日生应认真打扫实验室卫生，填写好实验室日志，交实验室验收、签字。

(8) 设计实验报告，每人一份，报告分析结果时，应有班级、姓名、学号、实验时间、地点、实验内容、实验方法、程序、测定数据及处理方法、有关计算公式、测定精密度(用相对标准偏差 RSD%表示)、实验建议等内容，课程实习总结另文认真撰写。

(9) 实验报告及课程实习总结于实习结束后的一周内，以班为单位收齐后，交于指导老师评定实习成绩。

五、数据处理及结果

（1）以保留时间对照定性，确定各物质的色谱峰。

（2）以乙酸正戊酯为内标物，根据标准溶液的色谱图分别求出各物质的校正因子。

（3）采用内标法计算待测酒精饮料中各组分的含量。

实习课题五　强化营养盐中铁、钠、钙、锌、硒、碘多元素的测定（自主设计型实验）

一、学习导航和要求

（1）训练文献的查阅、实验方案的制定、具体实验方法的设计等综合知识能力；

（2）培养学生分工合作、团结一致的团队和谐精神；

（3）熟悉多元素强化营养盐中各元素的测定方法。

二、主要实习内容

（1）文献的查阅、实验方案的制定、具体实验方法的设计以及综合知识能力的训练。

（2）钠、钙、锌、硒和碘的生物活性常识，掌握样品的处理及试液的制备方法。

（3）强化营养盐中铁、钠、钙、锌、硒和碘含量的测定，该项内容每组至少测定2种元素。

三、实习安排及程序

（1）每组4～5人，选一人为组长，由组长分配具体任务和实验内容。

（2）利用两天时间查阅相关文献和资料。要求首选国家颁布标准，后选择部颁标准或经典方法；该课题每班限选一组进行，由班长安排、协调，上报到指导教师处。

（3）将拟订的分析方法、分析步骤、所用仪器、试剂、辅助用品及数量清单于第二日交给老师审阅、指导；然后到实验室办理借用手续。

（4）每个实验时间约为10～12学时，各组要合理安排实验内容，不可浪费时间。

（5）所用仪器自行安装、调试，所用试剂、药品自行配制，并及时记录实验现象和实验数据。

（6）实验结束后，整理仪器、用品和实验台，检查所用仪器是否正常，经老师检查、确认签字后，将所借的用具、设备、所剩余试剂交还实验室，值日生应认真打扫实验室卫生，填写好实验室日志，交实验室验收、签字。

(7) 设计实验报告，每人一份，报告分析结果时，应有班级、姓名、学号、实验时间、实验地点、实验内容、实验方法、程序、测定数据及处理方法、有关计算公式、测定精密度(用相对标准偏差 RSD% 表示)、实验建议等内容，课程实习总结另文认真撰写。

(8) 实验报告及课程实习总结于实习结束后的一周内，以班为单位收齐后，交于指导老师评定实习成绩。

四、知识扩展

多元强化营养盐中含有更有益人体健康的亚硒酸钠、葡萄糖酸锌、葡萄糖酸钙和碘酸钾等物质，硒是人体必需的微量元素，在肌体内具有抗氧化功能；锌是许多生物酶的组成成分，能激活许多酶的活性；钙是构成骨骼和牙齿的主要成分，维持骨骼密度；碘合成甲状腺激素，维持基本生命活动，促进儿童发育，提高人类生命的质量。所以，经常食用多元素强化营养盐，对人体健康和长寿极为有利。

主要参考文献

常铁军. 1999. 材料近代分析测试方法. 哈尔滨:哈尔滨工业大学出版社

陈培榕,李景虹,邓勃. 2006. 现代仪器分析实验与技术. 第二版. 北京:清华大学出版社

成都科学技术大学,浙江大学. 1982. 分析化学实验. 第二版. 北京:高等教育出版社

高向阳. 1995. 定量分析与实验室工作技巧. 郑州:河南科学技术出版社

高向阳. 2004. 新编仪器分析. 第二版. 北京:科学出版社

苏克曼,张济新. 2005. 仪器分析实验. 第二版. 北京:高等教育出版社

张剑荣,戚苓,方惠群等. 1999. 仪器分析实验. 北京:科学出版社

周贵恩. 1989. 聚合物X射线衍射. 合肥:中国科学技术大学出版社

朱明华. 2000. 仪器分析. 北京:高等教育出版社

附　录

附表 1　相对原子质量表

（以 $^{12}C=12$ 相对原子质量为标准）

序数	名称	符号	相对原子质量	序数	名称	符号	相对原子质量	序数	名称	符号	相对原子质量
1	氢	H	1.008	25	锰	Mn	54.94	49	铟	In	114.82
2	氦	He	4.003	26	铁	Fe	55.85	50	锡	Sn	118.7
3	锂	Li	6.941±2	27	钴	Co	58.93	51	锑	Sb	121.75
4	铍	Be	9.012	28	镍	Ni	58.69	52	碲	Te	127.60
5	硼	B	10.81	29	铜	Cu	63.55	53	碘	I	126.90
6	碳	C	12.01	30	锌	Zn	65.39±2	54	氙	Xe	131.3
7	氮	N	14.01	31	镓	Ga	69.72	55	铯	Cs	132.91
8	氧	O	16.00	32	锗	Ge	72.61±3	56	钡	Ba	137.33
9	氟	F	19.00	33	砷	As	74.92	57	镧	La	138.91
10	氖	Ne	20.18	34	硒	Se	78.96±3	58	铈	Ce	140.12
11	钠	Na	22.99	35	溴	Br	79.90	59	镨	Pr	140.9
12	镁	Mg	24.31	36	氪	Kr	83.80	60	钕	Nd	144.2
13	铝	Al	26.98	37	铷	Rb	85.47	61	钷	^{145}Pm	144.9
14	硅	Si	28.09	38	锶	Sr	87.62	62	钐	Sm	150.4
15	磷	p	30.97	39	钇	Y	88.91	63	铕	Eu	152.0
16	硫	S	32.07	40	锆	Zr	91.22	64	钆	Gd	157.3
17	氯	Cl	35.45	41	铌	Nb	92.91	65	铽	Td	158.9
18	氩	Ar	39.95	42	钼	Mo	95.94	66	镝	Dy	162.5
19	钾	K	39.10	43	锝	Tc	97.91	67	钬	Ho	164.9
20	钙	Ca	40.08	44	钌	Ru	101.07	68	铒	Er	167.3
21	钪	Sc	44.96	45	铑	Rh	102.91	69	铥	Tm	168.9
22	钛	Ti	47.88±3	46	钯	Pd	106.4	70	镱	Yb	173.0
23	钒	V	50.94	47	银	Ag	107.87	71	镥	Lu	175.0
24	铬	Cr	52.00	48	镉	Cd	112.41	72	铪	Hf	178.5

续表

序数	名称	符号	相对原子质量	序数	名称	符号	相对原子质量	序数	名称	符号	相对原子质量
73	钽	Ta	180.9	84	钋	Po	209.0	95	镅	Am	243.0
74	钨	W	183.85	85	砹	At	210.0	96	锔	Cm	247.1
75	铼	Re	186.2	86	氡	Rn	222.0	97	锫	Bk	247.1
76	锇	Os	190.2	87	钫	Fr	223.0	98	锎	Cf	251.1
77	铱	Ir	192.2	88	镭	Ra	226.0	99	锿	Es	252.1
78	铂	Pt	195.08	89	锕	Ac	227.0	100	镄	Fm	257.1
79	金	Au	196.97	90	钍	Th	232.0	101	钔	Md	258.0
80	汞	Hg	200.59	91	镤	Pa	231.0	102	锘	No	259.1
81	铊	Ti	204.4	92	铀	U	238.0	103	铹	Lr	262.1
82	铅	Pb	207.2	93	镎	Np	237.0				
83	铋	Bi	209.0	94	钚	Pu	239.1				

附表 2　常用酸、碱的浓度

名 称	分子式	摩尔质量/(g/mol)	质量分数/%	密 度 ρ (20℃)/(g/mL)	物质的量浓度 c_B/(mol/L)
浓硫酸	H_2SO_4	98.07	98	1.84	18
稀硫酸	H_2SO_4	98.07	25	1.18	3
稀硫酸	H_2SO_4	98.07	9	1.06	1
浓硝酸	HNO_3	63.01	69	1.42	16
稀硝酸	HNO_3	63.01	32	1.19	6
稀硝酸	HNO_3	63.01	12	1.07	2
浓盐酸	HCl	36.46	38	1.19	12
稀盐酸	HCl	36.46	20	1.10	6
稀盐酸	HCl	36.46	7	1.03	2
浓磷酸	H_3PO_4	98.00	85	1.7	15
稀磷酸	H_3PO_4	98.00	9	1.05	1
浓高氯酸	$HClO_4$	100.43	70	1.67	12
稀高氯酸	$HClO_4$	100.43	19	1.12	2
冰醋酸	HAc	60.05	99	1.05	17.5
稀乙酸	HAc	60.05	35	1.04	6
稀乙酸	HAc	60.05	12	1.02	2
浓氢氟酸	HF	20.01	40		23
浓氨水	$NH_3 \cdot H_2O$	35.05	28	0.90	15
稀氨水	$NH_3 \cdot H_2O$	35.05	11	0.95	6
稀氨水	$NH_3 \cdot H_2O$	35.05	3.5	0.98	2
浓氢氧化钠	NaOH	40.00	41	1.44	14
稀氢氧化钠	NaOH	40.00	20	1.21	6
稀氢氧化钠	NaOH	40.00	7.5	1.08	2

附表3 常用干燥剂及其干燥效率

(一) 干燥液态有机物的干燥剂

有机物质	干燥剂
醛类	$CaCl_2$
胺类	$NaOH$、KOH、K_2CO_3
碳氢化合物的卤代衍生物	$CaCl_2$
肼类	K_2CO_3
酮类	$CaCl_2$、K_2SO_4
酸类	Na_2SO_4
腈类	K_2CO_3
硝基化物	$CaCl_2$、Na_2SO_4
碱类	KOH、K_2CO_3、BaO
碳氢化物	$CaCl_2$
酚类	K_2SO_4、$CuSO_4$、CaO
醚类	$CaCl_2$、Na
酯类	Na_2SO_4、$CaCl_2$

(二) 干燥气体的干燥剂

气体	干燥剂	气体	干燥剂
CH_4	H_2SO_4(浓)、$CaCl_2$、P_2O_5	HI	CaI_2
C_2H_4	H_2SO_4(浓-冷却)	H_2S	$CaCl_2$
CO	H_2SO_4(浓)、$CaCl_2$、P_2O_5	N_2	H_2SO_4(浓)、$CaCl_2$、P_2O_5
CO_2	同上	NH_3	CaO 或 CaO 同 KOH 混合物
Cl_2	$CaCl_2$	NO	$Ca(NO_3)_2$
H_2	$CaCl_2$、P_2O_5 如果要求不高时可用浓 H_2SO_4	O_2	H_2SO_4(浓)、$CaCl_2$、P_2O_5
HBr	$CaBr_2$	O_3	$CaCl_2$
HCl	$CaCl_2$	SO_2	H_2SO_4(浓)、$CaCl_2$、P_2O_5

(三) 干燥剂的干燥效率

干燥剂	干燥空气、1L 空气中剩余的水蒸气的质量(20℃)/mg
P_2O_5	2×10^{-5}
$Mg(ClO_4)_2$(无水)	5×10^{-4}
$Mg(ClO_4)_2\cdot3H_2O$	2×10^{-3}
KOH(熔融的)	0.002
Al_2O_3	0.003

续表

干燥剂	干燥空气、1L空气中剩余的水蒸气的质量(20℃)/mg
SiO_2(硅胶)	0.003～0.5
H_2SO_4(浓)	0.003
$CaSO_4$	0.004
MgO	0.008
$CaBr_2$(25)℃	0.14
NaOH(熔融的)	0.16
CaO	0.2
$CaCl_2$(粒状)	0.14～0.25
H_2SO_4(95.1%)	0.3
$CaCl_2$(溶凝的)	0.36
$ZnCl_2$	0.8
$ZnBr_2$	1.1
$CuSO_4$	1.4

附表4 常用洗液

洗液名称	洗液配法	用途、用法	注意事项
铬酸洗液	20g工业$K_2Cr_2O_7$加40mL水，加热溶解。冷却后将360mL浓H_2SO_4沿玻璃棒慢慢加入上述溶液中，边加边搅拌。冷却，转入细口瓶备用	一般油污，用途最广，浸泡、刷洗	①具有强腐蚀性，防止烧伤皮肤、衣物 ②用毕回收，可反复使用，储存瓶要盖紧，以防吸水失效 ③如呈绿色，则失效，可加入浓H_2SO_4，并将Cr^{3+}氧化后继续使用
碱性乙醇洗液	6g NaOH溶于6g水中，再加50mL乙醇(95%)	油脂、焦油、树脂。浸泡、刷洗	①应储于胶塞瓶中，久储易失效 ②防止挥发、防火
碱性高锰酸钾洗液	4g $KMnO_4$溶于少量水，加入10g NaOH，再加水至100mL	油污、有机物。浸泡	浸泡后器壁上会残留MnO_2棕色污迹，可用HCl洗去
磷酸钠洗液	57g Na_3PO_4，28.5g油酸钠，溶于470mL水	碳的残留物。浸泡、刷洗	浸泡数分钟后再刷洗
硝酸-过氧化氢洗液	15%～20% HNO_3加等体积的5%H_2O_2	特殊难洗的化学污物	久存易分解，应现用现配，保存于棕色瓶
碘-碘化钾洗液	1g I_2、2g KI混合研磨，溶于少量水后，再加水至100mL	$AgNO_3$的褐色残留污物	
有机溶剂	如苯、乙醚、丙酮、乙醇、二氯乙烷、氯仿等	油污，可溶于该溶剂的有机物	①注意毒性、可燃性 ②用过的废溶剂应回收，蒸馏后仍可继续用

附表 5　常见有机化合物生色团紫外最大吸收峰位置

化合物	生色团	λ_{max}/ nm	化合物	生色团	λ_{max}/nm
烷烃	—C—C—	150	偶氮化合物	—N═N—	285～400
烯烃	>C═C<	170		(—C═C—)$_2$	210～230
炔烃	—C≡C—	170	共轭烯烃	(—C═C—)$_3$	260
酰	R—C	205		(—C═C—)$_5$	330
醛	R—C	210	苯		204
羧酸	R—C	200～210			255
硝基化合物	—NO_2	270～280	萘		220
亚硝基化合物	—NO	220～230			275
					314

附表 6　常用氘代试剂残留氢的化学位移

氘代试剂	^{1}H-δ/ppm	^{13}C-δ/ppm
CD_3CN	2. 00	116. 9
CD_3COCD_3	2. 05	30. 3、207. 3
CD_3OD	3. 35	49. 0
CD_3SOCD_3	2. 50	39. 5
$CDCl_3$	7. 26	77. 1
CF_3COOH	12. 5	116. 5、163. 3
C_6D_6	7. 20	128. 0
CS_2	—	192. 8
CCl_4	—	96. 1
D_2O	4. 79	—
环己烷-d_{12}	1. 63	26. 3
吡啶-d_5	6. 98、7. 35、8. 50	149. 3、123. 5、135. 5
二氧六环-d_8	3. 55	67. 4

附表 7　常见质子的化学位移 δ 值

质　子	δ/ppm	质　子	δ/ppm
TMS	0	—C—O (环氧, CH)	2. 29
—CH_2—,环丙烷	0. 22	—CH_2—C═C	1. 88～2. 31
CH_3—CN	0. 88～1. 08	CH_3—N—N—	2. 31
CH_3—C—	0. 85～0. 95	—CH_2—CO—R	2. 02～2. 39

续表

质　子	δ/ppm	质　子	δ/ppm
$CH_3-\underset{\vert}{\overset{\vert}{C}}-\overset{O}{\overset{\Vert}{C}}-R$	1.2	CH_3-SO-R	2.50
$-N\underset{CH_2}{\diagdown\!\!\diagup}\overset{\vert}{C}-$	1.48	CH_3-Ar	2.25～2.50
$-CH_2-\underset{\vert}{\overset{\vert}{C}}-$	1.20～1.43	$-CH_2-S-R$	2.39～2.53
$-CH_2-C-O-\overset{O}{\overset{\Vert}{C}}-R$ $-CH_2-\underset{\vert}{\overset{\vert}{C}}-O-Ar$	1.50	$CH_3-CO-SR$	2.33～2.54
$R-SH$	1.1～1.5	$-CH_2-C\equiv N$	2.58
$R-NH_2$(在惰性溶剂中浓度小于1mol)	1.1～1.5	$CH_3-C=O$	2.1～2.6
$-CH_2-\underset{\vert}{\overset{\vert}{C}}-\overset{\vert}{C}=\overset{\vert}{C}-$	1.13～1.60	$CH_3-S-C\equiv N$	2.63
$-CH_2-CN$	1.20～1.62	$CH_3-CO-C=C$ 或 $CH_3-CO-Ar$	1.83～2.68
$-\underset{\vert}{\overset{\vert}{C}}-H$	1.40～1.65	$CH_3-CO-Cl$ 或 Br	2.66～2.81
$-CH_2-\underset{\vert}{\overset{\vert}{C}}-Ar$	1.60～1.78	CH_3-I	2.1～2.3
$-CH_2-\underset{\vert}{\overset{\vert}{C}}-O-R$	1.21～1.81	$CH_3-N=$	2.1～3
$CH_3-\overset{\vert}{C}=\overset{\vert}{C}-NOH$	1.81	$-C=C-C\equiv C-H$	2.87
$-CH_2-\underset{\vert}{\overset{\vert}{C}}-I$	1.65～1.86	$-CH_2-SO_2-R$	2.92
$-CH_2-C-CO-R$	1.60～1.90	$-C\equiv C-H$ (非共轭)	2.45～2.65
$CH_3-C=C$	1.6～1.9	$-C\equiv C-H$ (共轭)	2.8～3.1
$CH_3-\underset{OCOR}{\underset{\vert}{C}}=\overset{\vert}{C}-$	1.87～1.91	$Ar-C=C-H$	3.05

续表

质子	δ/ppm	质子	δ/ppm
—CH$_2$—C=C—OR	1.93	—CH$_2$—(C=C—)$_2$	2.90～3.05
—CH$_2$—C—Cl	1.60～1.96	—CH$_2$—Ar	2.53～3.06
CH$_3$—C(COOR/CN)=C—	1.94～2.03	—CH$_2$—I	3.03～3.20
—CH$_2$—C—Br	1.68～2.03	—CH$_2$—SO$_2$	3.28
CH$_3$—C=C—CO—R	1.93～2.06	Ar—CH$_2$—N=	3.32
—CH$_2$—C—NO$_2$	2.07	—CH$_2$—N(—)—C$_6$H$_5$	3.28～3.37
—CH$_2$—C—SO$_2$—R	2.16	Ar—CH$_2$—C=C—	3.18～3.38
—CH$_2$—N<	3.40	—CH=C—O—R	4.56～5.55
—CH$_2$—Cl	3.35～3.57	—CH=C—C≡N	5.75
—CH$_2$—O—R	3.31～3.58	CH$_3$—N—N—	2.31
CH$_3$—O—	3.5～3.8	—C=C—CO—R	5.68～6.05
—CH$_2$—Br	3.25～3.58	R—CO—CH=CO—R	6.03～6.13
CH$_3$—O—SO—OR	3.58	Ar—CH=C—	6.23～6.28
—CH$_2$—N=C=S	3.61	—C=C—H (共轭)	5.5～6.7
CH$_3$—SO$_2$—Cl	3.61	—C=C—H (无环、共轭)	6.0～6.5
Br—CH$_2$—C≡N	3.70	H—C(H)=C(COR)—	6.30～6.40
—C≡C—CH$_2$—Br	3.82	—C=CH—O—R	6.22～6.45
Ar—CH$_2$—Ar	3.81～3.92	Br—CH=C—	6.62～7.00
Ar—NH$_2$，Ar—NHR 或 ArNHAr	3.40～4.00	—CH=C—CO—R	5.47～7.04
CH$_3$—O—SO$_2$—OR	3.94	—CH=CH—O—CO—CH$_3$	7.25
—C=C—CH$_2$—O—R	3.90～4.04	R—CO—NH—	6.1～7.7
Cl—CH$_2$—C≡N	4.07	Ar—CH—C—CO—R	7.38～7.72
—C≡C—C—CH$_2$—C=C	3.83～4.13	Ar-H (苯环)	7.6～8.0
—C≡C—CH$_2$—Cl	4.09～4.16	ArH (非苯环)	6.2～8.6
—C=C—CH$_2$—OR	4.18	H—C(=O)—N=	7.9～8.1
—CH$_2$—O—CO—R 或 —CH$_2$—O—Ar	3.98～4.29	H—C(=O)—O—	8.0～8.2

续表

质　子	δ/ppm	质　子	δ/ppm
$—CH_2—NO_2$	4.38	—C═C—CHO(α,β不饱和脂肪族)	9.43～9.68
$Ar—CH_2—Br$	4.41～4.43	RCHO (脂肪族)	9.7～9.8
$Ar—CH_2—OR$	4.36～4.49	ArCHO	9.7～10
$Ar—CH_2—Cl$	4.40	R—COOH	10.03～11.48
$—C═CH_2$	4.63	$—SO_3H$	11～12
—C═C—(无环、非共轭)	5.1～5.7	—C═C—COOH	11.43～12.82
—C═C—(环状、非共轭)	5.2～5.7	RCOOH (二聚)	11～12.8
$—CH(OR)_2$	4.80～5.20	ArO—H (分子间氢键)	10.5～12.5
$Ar—CH_2—O—CO—R$	5.26	ArOH (多聚、缔合)	4.5～7.7
ROH (在惰性溶剂中浓度小于 1mol)	3.0～5.2	C═C—OH(烯醇)	15～16
Ar—C═CH—	5.28～5.40		